复杂工程管理书系

大纲与指南系列丛书

U0180435

突发事件应急临时医疗用房建设指南

Guidelines for Construction of Emergency–Response Temporary Healthcare Facilities

中国医院协会　上海申康医院发展中心　同济大学复杂工程管理研究院　编著

同济大学 出版社
TONGJI UNIVERSITY PRESS

内 容 简 介

本书围绕以新冠肺炎疫情等突发事件对临时医疗用房的紧迫性需求，从组织与管理、设计与施工、验收调试与移交管理、运营及后续处理建议等多个方面提出应对的基本原则、基本要求和推荐做法，并就其中的关键问题给出具体指导，以高效、有序应对各种紧迫性要求。

本书可供医疗卫生领域管理人员、医院管理人员以及医院建设工程项目管理行业的从业人员和相关行业的专业人员使用和参考。

图书在版编目（CIP）数据

突发事件应急临时医疗用房建设指南/中国医院协会，上海申康医院发展中心，同济大学复杂工程管理研究院编著. --上海：同济大学出版社，2020
（复杂工程管理书系.大纲与指南系列）
ISBN 978-7-5608-9213-9

Ⅰ.①突… Ⅱ.①中… ②上… ③同… Ⅲ.①公共卫生－突发事件－医院－建筑设计－指南 Ⅳ.①TU246.1-62

中国版本图书馆CIP数据核字（2020）第050085号

突发事件应急临时医疗用房建设指南

中国医院协会　上海申康医院发展中心　同济大学复杂工程管理研究院　编著

责任编辑　姚烨铭　　　责任校对　徐逢乔　　　封面设计　钱如潺

出版发行　同济大学出版社　www.tongjipress.com.cn
　　　　　（地址：上海市四平路 1239 号　邮编：200092　电话：021-65985622）
经　　销　全国各地新华书店
印　　刷　深圳市国际彩印有限公司
开　　本　787mm×960mm　1/16
印　　张　5.25
字　　数　105 000
版　　次　2020 年第 1 版　　2020 年第 1 次印刷
书　　号　ISBN 978-7-5608-9213-9
定　　价　68.00 元

编写说明

本指南按照《中华人民共和国国家标准》（GB/T 20001.7—2017）给出的规则起草。

本指南由中国医院协会医院建筑系统研究分会提出。

本指南由中国医院协会归口管理。

本指南主要起草单位：中国医院协会、上海申康医院发展中心、同济大学复杂工程管理研究院、北京市医院管理中心、上海市卫生基建管理中心。

本指南主要参与起草单位：上海市第一人民医院、上海市第六人民医院、上海市公共卫生临床中心、上海交通大学附属瑞金医院、上海交通大学附属仁济医院、复旦大学附属中山医院、复旦大学附属华山医院、深圳市新建市属医院筹备办公室、杭州市卫生健康委员会、北京大学第三医院、南方医科大学南方医院、中山医科大学附属中山医院、中国医科大学附属盛京医院、浙江省人民医院、浙江大学第一附属医院、苏州大学附属第一人民医院、江苏省人民医院、东南大学附属中大医院、遵义市第一人民医院、西安交通大学第二附属医院、同济大学建筑设计研究院（集团）、上海建工四建集团有限公司建筑设计研究院、香港澳华医疗产业集团、上海建工二建集团有限公司、上海建工五建集团有限公司、上海市安装工程集团有限公司、上海建腾建筑工程监理有限公司、上海财瑞建设管理有限公司、上海科瑞真诚建设项目管理有限公司、上海申康卫生基建管理有限公司。

本指南主要起草人：张建忠、魏建军、李永奎、樊世民、吴锦华、陈梅、施裕新、蒋凤昌、王健、陈剑秋、虞建华、张爱国、陈新、董泽荣、张建东、朱亚东、张树军、李树强、张威、邵晓燕。

本指南参与起草人：虞涛、余雷、朱永松、靳建平、王斐、赵国林、项海清、羅才虔、邱宏宇、徐诚、张之薇、金人杰、王丽利、姜云、张晔、马进、赵文凯、金广予、杨永梅、戚鑫、潘涛、刘战、童繁复、张晔、苏生、张智力、王桂林、周致芬、汪思满、姚晓青、朱永刚、王森、李雪、周正安、姚亚年、周以弓、徐小东、蒋春燕、范中良、师洋、陈凤君、吕霞、丁艺、康懿明、施其龙、邵晟、孙锦伟、杨群、施智亮、范孝俊、何伟、黄辉、殷频、韩一龙、董杰、张艳、姚蓁、董军、李俊、王慧、马杰、梁栋立、林岚、张勤、肖忠辉、张朝阳、朱涛。

本指南审查人：乐云、诸葛立荣、齐贵新、陈睦、方来英、李林康、田家政、李永斌、刘丽华、王铁林、张庆林、许家穗、罗蒙、张群仁、祁少海、陈昌贵、杨燕军、蔡国强、陈国亮、曹海、孙福礼、韩艳红、沈崇德、顾向东、赵海鹏、程明、周晓、王振荣、何清华。

编者

2020 年 3 月

引　言

　　进入 21 世纪以来，我国时有非常规突发事件，"非典"、汶川地震、新冠肺炎疫情等发生，给公共治理体系和医疗卫生系统带来了极大考验，暴露出诸多短板，尤其是医疗资源的供给和应急反应能力，亟待加强。2020 年的新冠肺炎疫情可以说是中华人民共和国成立以来最大的疫情考验，影响程度之大，史上罕见。根据"非典"期间北京小汤山医院的设计经验，武汉火神山医院、雷神山医院、方舱医院、临时发热门诊隔离站等以极短的时间建成并投入使用，体现了中国速度。随后，全国各地也建设了类似的应急医院等医疗设施，对抗击疫情起到了积极作用。

　　随着抗击新冠肺炎疫情不断取得新进展、新成效，亟需进行经验总结。一方面可更好地支持疫情应对，恢复社会和经济正常运行；另一方面也为今后类似事件提供有效的应对经验，进一步提升治理体系和治理能力现代化水平，并为全球相关国家和地区的防疫工作提供中国经验、中国标准等。为此，中国医院协会组织上海申康医院发展中心以及相关科研机构、公共卫生临床中心、设计院、施工单位和咨询单位等成立编写小组，启动《突发事件应急临时医疗用房建设指南》的编写工作。编写小组认真总结现有经验，经过初稿编写、意见征询、完善与报批，最终定稿。

　　突发事件应急临时医疗用房建设一般有三种情况：新建集中临时诊治医院，依托现有医院新建临时医疗用房，依托现有医院进行改造或局部扩建。本指南主要适用于上述第二种情况,聚焦于突发事件应急状态下临时医疗用房的快速建设,也可供第一种和第三种情况以参考,尤其是类似新冠肺炎等传染病临时医疗用房的应急建设。

本指南主要应用于政府相关职能部门、应急指挥机构、公共卫生中心或医院,也适用于代建单位、全过程咨询单位(或项目管理单位)和工程总承包单位,其他如设计单位、施工单位或专业咨询单位也可参考使用。

必须指出,正常状态下医院建设工程项目管理的方法对应急临时医疗用房仍然具有指导意义,该内容具体可参考中国医院协会发布的《医院建设工程项目管理指南》。本指南编制不再重复这些内容,而是针对突发事件应急临时医疗用房建设的特殊性,为指挥者和管理者提供工作指导,以了解其总体原则、基本要求、工作思路和关键要点,从而高效、有序推进突发事件应急状态下临时医疗用房的建设组织工作。

通过本指南可以:

(1)了解突发事件应急临时医疗用房建设的总体原则。

(2)了解突发事件应急临时医疗用房建设的总体组织与管理工作,包括组织构建、总体策划、进度控制、投资控制、质量安全和健康管理以及总体组织与协调等。

(3)了解突发事件应急临时医疗用房的设计与施工管理工作,包括实施策划、设计要点、施工管理、样板引路方案等。

(4)了解突发事件应急临时医疗用房验收、调试、移交、运营及后续处置建议。

由于突发事件类型多样,医疗需求多样,实际场景也有较多差异,因此突发事件应急临时医疗用房的建设需求也会有差异,本指南将在使用过程中不断完善并适时更新。

目　录

1 范围

　　本指南给出突发事件应急临时医疗用房建设的总体原则，规范建设组织与总体管理、设计与施工管理、验收、调试与移交管理，以及运营及后续处置方式等，指出突发事件应急临时医疗用房建设的总体原则、基本要求、工作思路和关键要点，为突发事件应急临时医疗用房建设提供总体上的工作指导。

　　本指南适用于新发、暴发传染病引发的大规模突发公共卫生事件情况下，在既有院区新建或扩建临时医疗用房的具体需求，其他突发事件应急临时医疗用房及方舱医院的新建、改建或扩建工程也可参考使用。

2 规范引用性文件

凡是注日期的引用文件，仅注日期的版本适用于本指南。凡是不注日期的引用文件，其最新版本（包括所有的修改单）适用于本指南。

3 术语和定义

3.1 突发事件 emergency

指突然发生，造成或者可能造成严重社会危害，需要采取应急处置措施予以应对的自然灾害、事故灾难、公共卫生事件和社会安全事件。

3.2 突发公共卫生事件 public health emergency

指突然发生，造成或者可能造成社会公众健康严重损害的重大传染病疫情、群体性不明原因疾病、重大食物和职业中毒以及其他严重影响公众健康的事件。

3.3 应急医疗设施 emergency medical facility

为应对突发公共卫生事件、灾害或事故快速建设的，能够有效收治其所产生患者的医疗设施。

3.4 临时医疗用房 temporary healthcare facilities

医疗机构因应急需要而新建或扩建的临时性隔离病房、手术室、门诊用房等，在规定的使用年限内必须拆除。临时使用年限一般为两年，期满后可申请一次延期。

3.5 装配式建筑 prefabricated building

指用预制部品部件在工地装配而成的建筑。

3.6 代建单位（机构）construction agent

对非经营性政府投资项目，在代建制下，负责项目建设实施管理的专业化项目管理单位，其选择方式和具体职责不同地区具有不同的规定。

3.7 财务监理 financial supervisor

即财政性基本建设项目的财政财务监督管理，指对有财政性资金（包括预算内、外资金、行政事业性收费、政府性基金等）安排或部分安排的建设项目，从可行性研究至竣工财务决算整个过程进行资金和财务等方面的监督管理。

3.8   跟踪审计 tracking audit

是指单位审计部门或独立的审计单位组织对建设项目实施过程的合法性、真实性、规范性进行跟踪监督，审查、监督、分析和评价的过程。

3.9   工程总承包 engineering procurement construction（EPC）/design-build（DB）

依据合同约定对建设项目的设计、采购、施工和试运行实行全过程或若干阶段的承包。

3.10   样板房 mock-up room

为了研究、测试或展示而建造的1∶1全尺寸模型。可以根据不同阶段搭建不同精细化程度的样板房。

3.11   负压隔离病房 gegative air pressure isolated ward

采用空气分割并配置空气调节系统控制气流流向，保证室内空气静压低于周边区域空气静压，并采取有效卫生安全措施防止传染的病房。

3.12   医疗工艺设计 medical process design

根据医院医疗功能需求，对其医疗业务结构、功能、医疗流程和相关技术要求、参数等进行的专业设计。一级医疗工艺设计包括总平流线规划、单体建筑医疗功能设计、单体建筑内医疗功能单元设计；二级医疗工艺包括各医疗功能单元内功能房间设置、流线与医院感染分区规划、科室需求与医院顶层规划的验证；三级医疗工艺设计包括功能房间内各功能布局及医疗设备家具平面布置及技术条件规划。

3.13 建筑信息模型 building information modeling（BIM）

在建设工程及设施全生命期内，对其物理特征、功能特性及管理要素进行数字化表达，并依此设计、施工、运营的过程和结果的总称，简称 BIM 或模型。在 BIM 的基础上增加时间维度称为 4D BIM，再增加造价或者成本则称为 5D BIM。

4 总则及需考虑的因素

4.1 总体构成

包括建设总体原则、建设组织与总体管理、设计与施工管理、验收、调试与移交管理、运营及后续处理建议，以及附录等。

4.1.1 建设总体原则主要包括高效、有序推进突发事件应急临时医疗用房建设的主要原则和指导思想，也是基于循证思想予以证实的最佳实践总结。

4.1.2 总体组织与管理主要包括组织保障、总体策划、目标控制、总体组织与协调、风险管理等内容，这些内容适用于多种情境下突发事件应急临时医疗用房建设的实践管理指导。

4.1.3 设计与施工管理主要包括实施策划、设计要点、施工管理以及样板引路等关键内容，这些内容主要适用于依托既有院区，以新冠肺炎为代表的传染病突发事件应急临时医疗用房的设计与施工管理，部分原则也适用于其他突发事件应对需求。

4.1.4 应急临时医疗用房建设的验收、调试、移交及运营、后续处置建议主要适用于新冠肺炎为代表的传染病突发事件应急临时医疗用房的运营管理，部分原则也适用于其他突发情境。

4.1.5 附录为资料性质，为指南的使用提供延伸参考资料及具体参考借鉴。

4.2 总体定位

4.2.1 本指南主要应用于政府相关职能部门、应急指挥机构或医院，也适用于代建单位、全过程咨询单位（或项目管理单位）和工程总承包单位，其他如设计单位、施工单位或专业咨询单位也可参考使用。

4.2.2 本指南主要定位于突发事件应急临时医疗用房建设指南，而非设计及施工技术性指南，但指南中给出了相应技术性指南、导则、标准和规范的引用。

4.2.3 本指南主要强调突发事件应急临时医疗用房建设的关键内容，而不涉及应急医院建设的所有方面，也不涉及方舱医院的建设模式，医院在疫情期间小规模应急收治科室改扩建可参考使用。

4.2.4　本指南主要强调面向全国的通用性，而不强调特定地区、特定医院和特定项目的特殊性。

4.3　需考虑的因素

4.3.1　应急临时医疗用房建设具有工期紧、医疗工艺要求高、资源制约因素多、工程技术和专业系统复杂、现场环境复杂、不可预见因素多及系统调试工作量大等极限压力挑战，应充分考虑管理的应急性、复杂性和专业性。

4.3.2　由于政策、法规和规范不断调整和更新，若本指南与之冲突或不一致，以最新政策、法规和规范规定为准。

4.3.3　由于突发事件应急临时医疗用房类型的多样性及复杂性，本指南并未覆盖所有临时医疗用房，如遇本指南中未涉及的情况，建议根据实践需要进行适当扩展。

4.3.4　由于不同突发事件应急事件、不同地区、不同项目都具有自身特殊性，建议依据具体情况适当调整，并辅以项目管理手册或实施方案配套使用。

5 建设总体原则

5.1 建设决策原则

5.1.1 项目应急和"平战结合"属性。根据突发事件影响危害社会正常秩序的程度,由国家或地方通过一定程序快速采取建设临时用房来应对疫情的一种特殊措施。但应尽量做好应急和常态使用的结合,即平衡好"平战结合",突发事件结束后能快速恢复常态使用。

5.1.2 快速决策。医疗临时用房的建设决策需依据国家及地方相关政策及文件、本行政区域应急指挥部意见、突发事件发展趋势、现有应对能力评估、专家意见以及相关法律法规等进行快速决策、超前部署,需要确定项目定位、建设地点、建设规模、使用年限、投资规模、功能配置、建设周期和建设组织等。项目实施过程中,参建单位及供货商选择、各类设计及技术方案的确定、材料及设备选型、重要变更等关键问题均需快速决策。

5.1.3 进度及效率优先。医疗临时用房的应急特征决定了项目建设在保证质量和安全的前提下以进度及效率为最高优先级,甚至追求极限进度,但有序是高效的前提,同时需要兼顾投资目标控制以及建设的规范性。

5.1.4 动态调整。由于应急态势在不断变化,相关重要决策应具有动态性,同时也应保持与上级决策的一致性。

5.2 建设组织设置原则

5.2.1 构建完善的组织保障体系。涉及顶层决策和协调组织、项目建设管理和现场管理组织,应厘清相关参与方的指令关系与责任分工,必要时设置专家顾问组织。建设组织设置建议以临时指挥部的模式,形成高效、集成、协作的团队文化。小规模建设或改造可简化组织体系。

5.2.2 集成的现场建设协调组织。现场建设协调组织(或现场指挥部)应包括政府相关部门、医院、代建机构（如有）、设计、施工及监理单位等，联合办公，采用集成交付组织原则高效、有序开展相应工作。

5.2.3 选择综合实力强的参建单位。应依据相关法规尽快确定设计、施工、监理等相关单位，参与单位应具有丰富的医院设计或建设经验，特殊时期充分发挥国有大型企业的优势。考虑到资源调动效率，可形成参建单位储备库，包括代建、工程总承包、勘察设计、施工、监理、专业咨询、装配式供应商和专业设备供应商等，每两年更新一次。如在既有院区中进行建设，优先选择医院原设计、施工等单位。各单位应提供现场服务，并做好后勤保障支撑。

5.2.4 形成高效的信息和沟通管理。应建立现场例会制度和专题会议制度。会议应提早准备，并充分、及时暴露问题，保证问题得到迅速、及时解决。应加强信息和文档的管理和存档。现场宜设置视频会议系统，以便召开远程会议。做好周边社区、媒体等沟通，宜设置远程视频监控。

5.3 总体实施原则

5.3.1 统一认识、统一指挥、统一部署、统一实施。为了确保应急建设有力、有序、有效开展，各方应发挥集中力量办大事的制度优势，既要落实责任主体，也要分工协作、紧密合作。

5.3.2 规范管理文件编制。应编制项目建设大纲或项目管理方案，施工、监理、造价（或财务监理、跟踪审计）等单位也应编制施工方案或施工组织方案及现场总平面布置、监理实施细则、投资控制及财务管理细则等，并进行管理交底。

5.3.3 采用并行实施方式。一般采用边设计、边加工、边施工、边完善的应急原则，若在既有院区进行，还要考虑边建设边运营问题。宜采用靠前设计即现场设计、现场指导方式。医院、监理及造价（财务监理、跟踪审计）等单位也应采取"现场发现、现场解决"的即时问题解决理念，管理下沉至一线现场。同时充分利用网络平台开展远程服务。开展阶段总结会，总结经验教训，不断改进实施方案，加快进度，提高实施效果。

5.3.4 项目管理可采用代建模式，工程建设可采用工程总承包模式。具体可根据当地及医院实际情况选择合适的项目管理和工程建设模式。

5.4 设计和施工原则

5.4.1 快速设计原则。考虑时间紧迫性，临时用房的设计宜以已有蓝本为基础开展快速设计，确定医疗工艺要求，采用因地制宜、就地取材和持续优化的原则。设计方案应有利于快速采购和施工，并保证运营的安全性、适用性、稳定性和维护的便捷性。设计应考虑应急事态发展的各种可能性，预留发展空间和容量扩展方式，做好一次性建设到位和灵活可扩展之间的平衡。宜采用标准图集、BIM技术、在线协同平台等辅助设计或设计管理。

5.4.2 第一时间进行现场环境评估。包括水、电、气、路等基础设施条件和污水处理、固体废弃物处理等条件，周边居民及环境情况，以及与既有医疗用房的关系等。应尽快启动现场准备，以满足施工和运营需求。医院应对场地地下管线进行交底。

5.4.3 现有医疗功能及工艺的融合。在项目策划的初始阶段，应对医院现有建筑布局、拟建项目选址场地、重要医疗流程等进行冲突论证和可行性论证，开展医疗功能及工艺的融合设计。必要时，可邀请医疗工艺咨询单位辅助策划。

5.4.4 装配式（集装箱式）、模块化方式。应尽早确定供应商，明确相关尺寸参数和现场配合要求，评估厂商库存能力、加工生产能力、运输能力，必要时储备若干家供应商，以保障满足应急需求。集装箱及模块化施工应编制专项施工方案。

5.4.5 样板引路、持续改进。条件允许情况下，尽早形成样板间方案，开展专家评估，搭建现场样板间或通过BIM技术构建虚拟样板间模型，进行各项试验、计算、模拟、现场评估和可视化交底，并不断优化、修正，以减少返工，影响投入使用效率，并更好地符合医院后续使用要求。同时，应根据现场施工情况不断调整、持续改进。

5.4.6 做好工程资源保障。应按天编制施工设备、材料和劳动力等工程资源的使用计划，编制各阶段主要大型机械设备需求一览表，估计高峰期设备、材料和劳动力的极限需求。采取各种保障措施提高工程资源的快速供应能力，尤其是劳动力应保障供应，应挑选优秀的施工队伍。所需资源均应优先配置，并做好冗余配置及储备，待命补充，以防怠工。

5.4.7　并行施工、穿插作业。常规施工工艺和流程无法满足应急进度要求的，需要充分考虑工序的并行施工及穿插作业。

5.4.8　加强现场管理、文明施工和安全做到紧张而有序。明确现场总体管理权限，避免发生事故和现场管理矛盾影响工期推进。若在既有医院院区施工，做好施工组织和封闭式管理，将施工对既有院区运营的影响减至最小，应保障现有医疗服务的连续性，杜绝可能影响到院区正常运行的安全质量事故发生。疫情期间应做好防疫管理。

5.4.9　应制定试运行和验收方案，提前邀请相关部门或专家现场指导，开展预验收，查找问题，快速整改，以保证一次性验收通过，并快速投入使用。

5.5　运行及后续处置原则

5.5.1　使用中的细部整改和完善。考虑到施工的应急性，若出现不影响使用而后续可以整改的内容，应在使用中不断完善。

5.5.2　设计和施工单位应提供运行保障服务，以快速解决使用中出现的各种问题。

5.5.3　制订应急事件结束后的临时用房处理办法。在临时建筑规定使用年限内，若不立即拆除，在设计时应充分考虑使用年限，在病房工艺、医疗流线、人性化设计、环境保护以及使用寿命等方面均应采用更高标准。应制订新的使用或改造计划，以最大限度发挥临时用房和相关设备的使用价值，但不得改变临时建筑使用用途。

5.5.4　应急用房处置或后续利用方案应进行专家评估，以保证安全性和适用性。

6 建设组织与总体管理

6.1 组织构建

6.1.1 组织架构和成员构成

6.1.1.1 成立高效率的组织架构。一般包括领导小组，或成立临时指挥部，下设项目管理、技术管理、物资保障、医疗工艺、采购、合同和造价管理等小组。宜联合办公，提高效率。

6.1.1.2 领导小组应由政府相关部门、医院(项目法人或建设单位)、代建机构(如有)、施工总包和设计(或工程总承包)等单位负责人组成。项目管理小组应由以上单位的项目负责人组成，其他小组应由各条线管理负责人组成。必要时，可成立更高层级的领导小组。供电、供水、供气及网络信息等市政部门和专业公司宜考虑纳入组织框架；若应急项目需大市政配合，则应考虑将环评、卫评、勘察、消防、交通及环保等部门纳入组织框架。

6.1.1.3 所有组织成员应具有较高的政治素质、管理能力以及丰富的医疗卫生工程经验，应明确人员姓名、工作职务、是否常驻现场和应急联系方式。应明确各个单位的对接联系人和应急联系人。

6.1.1.4 设计、施工、监理等主要参与单位均应成立相应的领导小组和工作小组。

6.1.1.5 项目组织可根据需要动态调整。

6.1.2 组织职责分工

6.1.2.1 项目(法人)单位或建设单位为项目建设提出医疗工艺流程要求，并负责所在地配套联系，提出运行管理方案和措施，做好竣工后全面接收准备。

6.1.2.2 代建单位或项目管理(如有)负责组建项目管理团队，依据相关法律法规、政府应急通知及代建合同，进行项目全面策划、组织、协调、管理和控制工作。

6.1.2.3 各主要参建单位的项目团队均应有清晰的职责分工。不同阶段典型的组织分工见附录A。

6.1.3 制度建设和廉政建设

6.1.3.1 应建立重要的管理制度,包括例会制度、采购谈判会签制度、专家评审制度、财务支付制度、重大设计变更制度、现场签证制度、日例会制度、日专业组交班制度和日安全简报制度(尤其夜间施工管理系列制度)等。

6.1.3.2 应明确沟通和汇报程序,尤其是重要事项和应急事项的沟通和汇报流程。

6.1.3.3 第一次启动协调会。应尽快组织召开第一次启动协调会,明确项目性质、项目要求、计划节点、组织构建、工作方式、现场条件准备和工作制度等。

6.1.3.4 充分重视专家评审制度,建议尽早明确相对固定的专家名录。专家对相关工作保持动态跟进,并根据专家评审意见优化设计及施工方案。医疗流程、负压隔离病房、污水处理等应召开专家评审。

6.1.3.5 应建立廉政建设制度。切实履行廉政责任制度和廉洁自律制度,做到工程优质、干部优秀。

6.2 现场建设条件分析和前期准备

6.2.1 选址应避开自然灾害多发地带,选择建设条件良好的建设基地,用地方正、地势开阔平坦、地质稳定,应在城市区域常年主导下风向,避开城市水源地、城市蔬果供应基地和人口稠密区,具有较好的交通和市政设施条件,便于物资运输和快速组织施工。医疗用建筑物与用地周边建筑应设置 20m 及以上的绿化隔离卫生间距。确保用地无涉及土地征用和动拆迁问题。

6.2.2 确保市政配套条件满足要求,包括道路系统、供电、网络通信设施、给水(包括生活用水、室外和室内消防用水)、排水(生活用水、室内排水)、天然气等。应与依托医疗单位原有网络通信和信息化对接,在原有水平上进行提升、拓展。

6.2.3 摸清施工区域原有上水管、污水、消防、雨水、电缆、燃气管、氧气管及弱电等地下管线,包括管线种类、埋深、走向等,做好交底,避免开挖时破坏原有管线,影响医院及周边区域各系统的正常运行。

6.2.4 复核施工现场的测量标志、建筑物的定位轴线以及高程水准点。针对拼装结构累计拼装偏差做预估，做好预案。

6.2.5 分析项目场地与既有医疗用房之间的关系及可能对医院运营产生的影响。

6.2.6 尽早落实现场办公条件。了解周边酒店、旅店、民宿情况，以满足高峰期施工管理人员和工人的住宿及饮食要求。

6.3 建设总体策划

6.3.1 建设内容策划

6.3.1.1 应根据相关精神，组织院方、有经验的咨询单位、设计单位、施工单位、造价单位等快速编制项目建议书，明确建设地点、建设类别和性质、建设内容和规模、投资估算及资金筹措、建设周期及主要经济技术指标等，获得项目批准文件以及临时规划许可证。

6.3.1.2 建设策划需要建设单位、医院管理、运营单位或后勤运维方、项目管理、设计方、设备供应方、感染控制专家等多方参与，协同完成。

6.3.1.3 做好可扩展预留措施，必要时提前进行后续建设策划与应急预案编制。

6.3.1.4 若在既有院区建设，做好与现有功能的互补与衔接，减少对既有设施的改造和破坏。

6.3.2 建设目标策划

6.3.2.1 质量目标及管理策划。落实责任，确保工程设计满足施工及医疗功能需要；工程质量满足设计及验收规范要求，并最终一次性验收合格。

6.3.2.2 进度目标及管理策划。明确工期目标，尤其是重要节点、重点部位的时间节点，在保证质量安全的前提下多方面寻求加快工期的方式、方法。

6.3.2.3 投资目标及管理策划。按照批准的估算控制，根据应急项目的"边设计、边施工"特征，做好变更的跟踪管理，在满足建设质量和进度的前提下，规范变更程序，动态进行投资控制。

6.3.2.4 采购与合同管理策划。按照应急相关法律法规，加快采购与合同签订工作，根据市场设备材料情况，采用综合单价法加其他措施费用等；必要时可采用"成本＋酬金"方式确定合同价。

6.3.2.5　现场文明施工目标策划。确保现场高效、有序开展。传染病疫情期间应做好现场疫情防控工作。

6.4　进度策划及保障措施

6.4.1　进度目标确定和计划编制

6.4.1.1　根据应急任务的紧迫性和政府相关通知确定进度目标。目标的紧迫性会影响后续各项方案的选择，采用"挂图作战"方式。附录B提供了典型应急项目的实际进度节点示例。

6.4.1.2　进度计划应包括项目准备、项目组织成立、工程设计、现场场地准备、地基处理、基础施工、主体结构施工、门窗安装、设备安装、屋面施工、室内安装、装饰工程及室外总体等，应明确每天完成的具体工作量和完成百分比。

6.4.1.3　进度计划包括项目总进度计划以及设备材料进场计划、室外总体计划、系统调试（单项调试、联动调试及总体调试）计划等专项计划等。

6.4.1.4　施工总承包和安装单位均需编制具体的施工进度计划，明确总体部署、节点工期、施工步骤和进度保障措施。

6.4.1.5　根据进度目标要求，采取"倒推法"明确各项关键工作完成时间节点，节点完成必要时应精确到小时。

6.4.1.6　分期施工需要满足分批启用的需要和配套启用要求。

6.4.1.7　根据场地和工作面，可以分为不同施工段平行施工，分组、分块、分区操作，以加快进度。

6.4.1.8　劳动力、材料、构配件、设备及施工机具、水和电等生产要素供应计划要能保证施工进度计划的实现，供应要均衡，需求高峰期要有足够能力实现计划供应。

6.4.1.9　土建与安装分别编制的施工进度计划之间要协调，专业分工与计划衔接要明确合理。

6.4.1.10　对于项目（法人）单位或医院院方负责提供的施工条件（包括资金、施工图纸、施工场地和采供的物资等），在施工进度计划中安排要正确、合理。

6.4.1.11　进度计划应及时更新、及时优化，尤其是在设计方案、样板房方案等控制性方案确定后，应更新和优化进度计划。

6.4.2　进度控制及保障措施

6.4.2.1　应有专门机构和人员负责进度控制，协调设计、招标、采购、施工、安装、验收和启用前准备的各项进度问题。

6.4.2.2　在建议书和设计阶段应着力考虑施工、采购和供货的可行性，采取有利于加快工期的设计方案。

6.4.2.3　编制详细的施工机械设备和劳动力需求计划。明确施工机械的名称、规格型号、数量、产地、额定功率、现有生产能力和使用目的；明确主要检测仪器的名称、数量、产地及用途等；明确各类工种的需求计划，确保工程资源充足。

6.4.2.4　应协调设备供应商配合参与设计院前期设计工作，避免由于设备选型问题造成的工期延误，简化签订物资供应合同流程，确保设备供应满足施工进度要求。

6.4.2.5　组织专业分包商深化设计团队参与设计院前期设计工作，对走廊等管线交叉情况较多的区域同步开展机电综合管线深化工作，确保综合管线施工顺利实施。

6.4.2.6 全程跟踪材料设备供应，确保到货材料满足要求，避免安装后不必要的返工，影响工期。

6.4.2.7　应注重夜间施工效率。

6.4.2.8　应做好进度风险评估和预案，尤其是雨天、夜间、冬季等对施工进度的影响。

6.4.2.9　根据实际情况，不断调整中间节点进度计划，以满足最终目标的实现。必要时，需要沟通最终目标的调整，以协调应急总体部署。

6.4.2.10　疫情期间，应做好施工、管理人员及施工现场防疫物资保障。

6.4.2.11　应每天上报汇总进度计划执行情况，包括完成工作量、百分比、进度提前及滞后比例，及时分析进度执行情况及遇到的问题，并进行进度风险预判，提出加快进度的措施。

6.4.2.12 应每天上报日进度报告。包括当天完成量、累计完成总量、当天及累计完成百分比；材料设备到货情况、安装情况；现场机械设备、施工管理人员和施工人员数量，根据实际情况提出设备和人员增加计划。及时提出遇到的影响进度的问题，以及需要提请解决的问题。

6.5 采购及物流供应链管理

6.5.1 总体思路

6.5.1.1 采购应严格按照国家及地方落实应急防控的规定和要求，以及其他相关法律法规执行。

6.5.1.2 根据应急期间的相关法规和通知，相关工程、货物和服务采购工作以满足疫情防控工作需求为首要目标，建立"绿色通道"，遵循从简、从快、从优的原则。在确保采购时效的同时，提高采购资金的使用效益和使用规范性，保证采购质量。

6.5.1.3 施工单位应尽早提供材料、设备供货的厂家清单及具体报价。电梯等关键设备的规格等技术指标应尽早报设计单位复核。

6.5.2 采购组织

6.5.2.1 应成立采购工作领导小组，由政府相关机构、医院和代建单位（如有）委派负责人担任，全面负责采购工作的统筹和决策工作。

6.5.2.2 应成立采购工作小组，由医院、代建单位（如有）授权代表和相关参建单位（设计单位、施工总承包、施工监理、造价咨询或财务监理及跟踪审计等）主要负责人组成，负责工程、货物和服务采购工作的预算制订、组织实施、谈判、拟定合同等工作。

6.5.2.3 应成立采购工作监督小组，由政府相关机构或医院纪检审计部门委托代表，对采购全过程进行监督、检查和审计。

6.5.3 采购方式和流程

6.5.3.1 为确保采购时效，相关工程、货物和服务候选单位可依法采用竞争性谈判或单一来源采购方式确定。

6.5.3.2 谈判候选单位按照"工程、货物和服务优先选择原参建单位或产品,其他单位的选择则以满足工期要求为优先原则",由医院推荐候选单位,采购工作小组组织谈判,确定成交单位。

6.5.3.3 项目领导小组应尽快确定材料和品牌。

6.5.3.4 采购流程:

(1)采购工作小组制订采购计划和预算,报采购领导小组审核同意后实施。

(2)医院根据采购计划推荐候选单位。

(3)采购工作小组组织候选单位进行谈判,确定成交价格、项目负责人、工期、质量标准等,谈判过程需形成书面资料归档。谈判会议纪要格式参见附录C。成交单位需出具确认函。

(4)采购工作小组将成交结果报采购领导小组审核批准。

(5)采购工作小组组织成交单位拟定、签订合同。

6.5.4 物流供应链管理

6.5.4.1 宜选择长期合作的制作加工企业以及合作单位。

6.5.4.2 提前组织集装箱或构件制作加工及施工企业参与深化设计,明确设备放置位置,以优化集装箱加工制作方案,如,加固梁柱方案。

6.5.4.3 若设计变更,应首先确认变更后材料设备的货源情况和供应条件。

6.5.4.4 必要时召开材料设备供货专题会,确认产地、品牌、到场时间、安装调试及货物运输等相关问题,包括电梯、配电、配电箱设备、医疗气体、电缆、电线、柴油发电机、新风机、电热水器、分体式空调、洁具及污水处理设备等。

6.5.4.5 应考虑交通管制、货车司机等影响,每天确认物流运输情况,及时办理相应手续。

6.5.4.6 应做好现场材料设备的管理和仓储管理,包括台账、看管、保护等。

6.6 投资控制、合同及变更管理

6.6.1 总体思路

6.6.1.1 应采用全过程投资控制思路，应规范投资控制、资金管理和财务管理，尤其做好边设计、边施工所带来的动态投资预测、分析和兜底控制，每笔资金要做到事前有流转、事中有审核、事后有检查。

6.6.1.2 宜委托专业造价咨询单位或财务监理、跟踪审计单位进行全过程投资控制。全过程投资控制的任务见附录 D。

6.6.1.3 应包括投资控制（资金管理）和财务管理两方面工作。考虑进度的紧迫性，应确保项目的进度工作为主线，注重相关材料的收集，提前进行询价，制定合理的投资估算目标。

6.6.1.4 应进行事前控制，对估算金额进行复核，并切块分析。着重把握影响投资的赶工成本、人员加班成本、材料及设备短期供给不足引起的价格上涨等因素。考虑到极短工期的应急特征，宜适当上浮取费水平和提高预备费，具体可根据项目紧迫程度等特点进行综合考虑。

6.6.1.5 应编制采购谈判会签制度、财务支付制度、重大设计变更和现场签证制度等，使投资控制和资金使用有据可依。

6.6.1.6 价格的确定。有公布信息价的，执行信息价；无信息价可供参考的，以"采购谈判会议纪要"（见附录 C）形式，由专项工作小组确认价格。以上两种情形均需报领导小组批准后实施。

6.6.2 全过程投资控制

6.6.2.1 全过程投资控制的目标是使投资目标处于批文规定的可控状态。

6.6.2.2 进行投资切块，设定前期、招标、施工、竣工结算和后评估等不同阶段的投资控制要点。

6.6.2.3 应及时对估算金额进行复核，主要依据最新设计方案和同类建筑造价指标等，人工费可按信息价最高值计算，如采用集装箱用房可参考同类同期价格计算，其他按照综合定价或指标估算法计算。

6.6.2.4　充分利用突发事件应急的相关法律、政策或举措，减免相关费用。

6.6.2.5　应急项目具有进度上的紧迫性，以及存在边设计、边施工的情况，应在设计交底后督促施工单位尽快编制完成施工图预算，与批复金额、合同切块对比。

6.6.2.6　针对施工图预算，造价咨询或财务监理、跟踪审计审核后，应组织召开施工图预算审核专题会。

6.6.2.7　明确工程项目进度款、工程款、合同支付的付款流程及审批流程。

6.6.2.8　应明确投资控制的工作成果和时限要求，要加快完成相关审核并给出审核或核定意见。

6.6.2.9　考虑到应急抢险性质，工程造价可采用"成本＋酬金"的计价方式。材料、设备批价原则为：

（1）施工单位的材料、设备批价申请由设计单位确认技术参数。

（2）价格的确定参照6.6.1.6条款。

6.6.2.10　定期督促、检查投资控制小组或财务监理（或跟踪审计）的投资控制工作及成果文件，整改工作形成管理闭环。

6.6.2.11　加强工程投资的动态分析，及时掌握投资的动态变化情况，表格参考附录E。

6.6.2.12　做好台账记录，做到施工范围全覆盖、不漏盲点。做好采购文件和凭据的管理，特别是做好现场原材料、设备等物资采购合同等收集整理工作。

6.6.2.13　造价管理小组或财务监理、跟踪审计需要根据结算审价资料、竣工图、工程实际情况等，对工程项目的造价进行分析并编制经济指标，竣工后提供小结报告，审价完成后提供总结报告。

6.6.3　合同管理

6.6.3.1　考虑到应急抢险性质，代建、设计、监理和造价咨询可以采用固定总价或固定费率形式。若采用固定费率，根据竣工结算审定价及建安费调整。施工合同建议采用"成本＋酬金"形式。

6.6.3.2　施工单位应做好项目人工、材料、机械用量及相关费用原始凭证的收集、统计、审核和整理。根据项目进度及时报送监理单位、财务监理或跟踪审计单位审核、确认，并汇总报送建设单位。由于时间紧迫，原始凭证资料暂时缺失的，施工单位可先行承诺，并在合同约定的时间内补齐资料。

6.6.3.3　明确合同文本审核、签订和补充协议的审核和签订流程。

6.6.4　签证及变更管理

6.6.4.1　对于现场签证，造价咨询或财务监理、跟踪审计应与工程监理紧密结合。具体审核时应关注签证时效性、现场指令来源、费用计算是否合理和是否存在重复计费的情况，形成意见后与项目管理工作小组讨论无误后方能签署发出。

6.6.4.2　严把变更关。对可能的重大设计变更或施工变更，采用一体化联合办公进行现场及时处理。对设计工程量之外，因项目（法人）单位或根据合同应由项目（法人）单位承担的额外增加工作量，在现场签证单上会签，重点复核该签证是否属实，费用计算是否符合合同条件以及是否已包括在原合同价范围之内。

6.6.4.3　严格现场签证管理。只有经领导小组或项目管理组签章确认的变更核定单所对应的变更图或变更通知和现场签证单才能作为竣工结算的依据，过程中有关的会议纪要、洽商纪要、工程联系单及工作指令单等仅作为变更核定单和现场签证单的附件，不能单独作为竣工结算依据。

6.6.4.4　明确审批签名确认负责人，包括设计变更、预算变更审核、现场监理签证和总包变更监督的具体负责人等。

6.6.5　财务管理

6.6.5.1　造价咨询或财务监理、跟踪审计协助项目（法人）单位正确设置会计账户，正确区分和确定各类费用的归属，避免违规使用资金及错误记录会计分录。

6.6.5.2　加强费用支出审核，严格控制造价。每期上报费用提取和使用情况。

6.6.5.3　在每期准确审核工程量基础上，签署工程款审核支付意见。督促项目（法人）单位严格按支付意见支付工程款，防止工程款被挪用、挤占。对建设过程中不符合规定的支出提出财务监理或跟踪审计意见。

6.6.5.4　跟踪项目资金的使用，了解用款计划的执行情况及投资完成情况，确保建设资金专户管理、专款专用，防止挪用、挤占和流失建设资金。

6.6.5.5 对费用、成本支出的合理性、合法性进行监督。依据项目批准的概算和设计规模、标准，审核各类支出，严格制止任何不合理支出，控制工程投资。

6.6.5.6 协助指导项目（法人）单位的物资采购、领用和保管的财务核算管理，并做好审核工作，防止物资损失。

6.6.5.7 协助项目（法人）单位建立待摊投资明细表，列出待摊投资所包括的细目，确保待摊投资的列支科目符合有关规定，审核支出标准是否在国家和地方有关法规规定范围之内，审核支出凭证是否符合有关规定，并出具相应审核报告。

6.6.5.8 协助指导项目（法人）单位根据国家规定进行财务核算，按规定编报会计报表和统计报表，并审核其正确、完整和及时性。

6.7 质量、安全及健康管理

6.7.1 质量策划

6.7.1.1 应建立质量管理体系，明确岗位职责，形成质量控制网络。

6.7.1.2 明确项目质量控制的难点和重点，尤其是集装箱或主体结构的承重、屋面防水、设备层或设备间通风防雨要求、负压隔离病房的密闭性、集装箱与地面的加固稳定（包括四角加固、对角斜撑加固、屋面柱加固和连廊柱加固等，以应对台风等状况）等。

6.7.1.3 需要设置严格的质量目标，构建系统的质量控制体系，项目（法人）单位、项目管理或代建单位（如有）、设计、施工、监理等落实质量控制措施。

6.7.2 质量控制

6.7.2.1 宜采用BIM技术进行管线综合，提高设计质量。尤其是功能复杂的负压隔离病房和样板房等，应采用BIM进行正向设计或辅助设计。

6.7.2.2 做好设计交底，尤其是基于BIM的可视化交底，严格按图施工，避免返工影响。材料设备符合要求，合格证等资料齐全。如现场无法按图施工，需向设计方提出协商，或在技术协调会上提出，各方确认后才可施工。

6.7.2.3 由于应急项目的特殊性，时间紧迫造成设计深度不足，许多专业要进行深化，施工中每天应由项目（法人）单位或医院、代建、设计、监理和施工方共同商议设计变更确认单。由医院确认变更的功能要求，设计在满足医疗、安全功能要求前提下提出变更方案，其他单位全力配合设计变更。

6.7.2.4　制定上部主体工程施工技术方案，尤其是施工工艺，通过 BIM 技术等进行交底。若集装箱为不同供应商，应保障尺寸、规格和材料的一致性，注重相关资料的完备和保管。

6.7.2.5　应编制地基基础、上部集装箱、机电安装、装饰工程、轻钢屋面、医疗用房以及室外总体等主要分部分项及专项施工方案、施工流程、施工方法和质量保证措施等。

6.7.2.6　尤其是对给排水、暖通空调等传染病感染渠道要求较高的部位，需要制定专门的施工工艺和施工方案，并采取相关质量保证措施。

6.7.2.7　推行"样板制"，对土建、安装、装饰工程主要分项工程或关键部位实行样板项、样板段、样板间和样板层等的施工管理方法。应邀请医疗专家进行样板间检查，提出修改或优化意见。一般而言，样板应包括走廊、病房、卫生间和缓冲区。需要做好样板间的细部收头质量控制，做好气密性和气流方向测试。

6.7.2.8　施工单位设备和材料确认流程。鉴于应急医疗临时用房的紧迫性，宜简化相关流程。可由施工承包单位提供相关设备和材料资料，经监理单位审核后报设计单位确认；监理和设计单位确认后，由监理报送质监部门予以备案。

6.7.2.9　施工单位应上报拟采购主要材料、构配件生产厂家名录，对技术参数、规格尺寸、通配性能进行审查。对数量较大，一家厂家不能及时供应的原材料、构件等以方便施工和安全可靠为前提，要着重审查其通配性和结合点的有效连接性能。

6.7.2.10　进场的材料三证（出场证、合格证、质保书）应要齐全。做好各项材料及检测样品的留存封样，以便条件具备时检测，以报送形式报告的材料资料上报监理审核，确保各项工作和记录具有可追溯性。

6.7.2.11　设计单位及时确认材料设备，包括产品款式、颜色等，尤其是集装箱板房材料等，是否符合要求，必要时组织召开样品专题会。

6.7.2.12　若确实碰到由于工期紧张无法按设计方案施工时，应与设计单位沟通，提出应急方案，并经项目管理小组同意后实施。交付运营或应急事件结束后应按照原设计整改。

6.7.2.13 对由于材料设备无法按照工期要求满足现场需要的变更，设计单位应根据施工单位所能购买的相关材料进行现场设计变更，在满足功能使用的条件下，尽量保持原有设计效果。

6.7.2.14 做好节点质量控制，例如钢结构节点、门窗节点、防水节点、开洞节点、风管锐角、檐沟节点、泄水孔、屋顶与主体机构节点、管线交接口、材料钉口和接缝处等。集装箱之间的竖向和水平螺栓要拧紧，做好焊接质量控制。相邻集装箱底部 X, Y, Z 三向连接要固定。

6.7.2.15 要控制集装箱安装累计偏差，若偏差超出容许范围，提出解决方案或设计变更计划。

6.7.2.16 加工制作单位下料制作前，需与现场和设计确认，按照现场实际尺寸下料制作。

6.7.2.17 做好负压隔离病房的密闭处理，尤其是集装箱接缝、开口（洞）处、材料钉口等，开口（洞）形状要规则，保证气密性。

6.7.2.18 做好管线试压和系统调试工作，尤其是对防泄漏、防污染等传染病感染渠道的试验、试压和检查调试。各管线要标明管理标识（如管径、流向等）。调试过程中，对各专项内容调试参数一一比对，确认是否满足设计要求，如负压值、污水处理出水水质等参数。如有问题应及时找出原因，并提出修改建议。

6.7.2.19 及时召开阶段性质量总结会，例如集装箱拼装、就位、搭接等，优化施工作业程序、施工工艺和施工标准，为后续同步提高质量和加快进度提供借鉴。

6.7.2.20 做好现场材料、产品及成品保护工作，包括防雨、防冻、防尘和防动物等。

6.7.2.21 由于疫情情况可能会反复，医院对整个项目的需求会随着疫情变化而有所调整，故设计院应第一时间配合医院完善方案调整，并知会施工单位确认此方案在现有条件下是否可行，各方确认后，形成最终结论并调整图纸。

6.7.2.22 做好材料设备、工序和隐蔽工程的检查验收工作。

6.7.2.23　做好提前验收和整改工作，例如集装箱受力构件、消防、隐蔽工程等，隐蔽工程要做到随报随验。负压隔离病房需要提早联系专业检测单位。应组织召开竣工验收前相关工作梳理专题会。

6.7.2.24　各机电系统的调试，如电梯、弱电系统、供水供电等，设计院应及时组织相关专业负责人现场配合，如有问题，应配合施工单位及时整改。

6.7.2.25　做好竣工图编制工作。施工过程中积累的各专业设计变更或技术核定单，应及时做好记录并保存完善，相关调整应最终体现在竣工图中。

6.7.3　现场安全管理控制

6.7.3.1　施工单位成立应急处理领导和工作小组，明确职责权限，配备储备抢险物资，编制应急方案（包括疫情应急预案），做好应急物资的储备。

6.7.3.2　避免应急状态下的无序状态，24h 不间断安全检查，杜绝安全事故引发"次生灾害"，以防影响临时用房的建设效率。

6.7.3.3　由监理审查施工单位提交的施工现场平面布置图，督促其定期检查施工用电、机械设备、周边防护、消防器具设置等情况。

6.7.3.4　由监理单位对施工现场机械设备的数量、性能、检验及特殊工种作业人员操作证进行审核，确保施工机械设备的正常运转，确保作业人员持证上岗。

6.7.3.5　确保不损坏现有医院院区的上水管、污水、消防、雨水、电缆、燃气管、氧气管及弱电等各类管线，不影响现有医院的正常运行。如新发现未经交底或探明的管线，应及时上报院方或项目工作小组。应编制应急方案。

6.7.3.6　建立严格的安全生产管理制度。杜绝重大安全事故和消防事故。尤其注重现场汽车吊作业、夜间施工、雨雪天气施工、高空作业、临边洞口和临时用电及现场动火等安全管理工作。

6.7.3.7　执行严格的安全生产检查和整改制度。

6.7.4　文明施工、健康和环境管理

6.7.4.1　现场需封闭施工，做出入口管理、交通组织、安全监控和警示标志设置。现场应设置施工区域视频监控，支持在线实时播放和回放，并做好图像、视频文件

的备份和保存。

6.7.4.2 现场车辆和机械较多，应做好车辆进出、停车、施工场地内以及和既有院区之间的交通组织等工作。

6.7.4.3 若为既有院区建设，属环境敏感区域，应减少对周边现有医疗用房和诊疗活动的影响。应加强与医院的沟通和协调。

6.7.4.4 由于材料设备均提前运抵现场，要加强现场材料设备的管理、保护和仓储管理。

6.7.4.5 总包需加强安全巡查力度。施工过程中必须合理布置施工作业面，加强对现场防尘、降噪、渣土垃圾处理工作的管理力度，严格控制环境污染源。注重临时用电电缆的敷设及配电箱接电安全性。

6.7.4.6 制定卫生防疫相关措施。由医院院方邀请相关专家进行防疫指导，协助保障防疫物资。对新进场工人进行卫生安全防疫教育，每天由施工单位项目部统一发放卫生防疫用品，并根据疫情对工人进行体温测量，加强心理辅导。垃圾要及时清运，并做好垃圾外运前的消毒工作。

6.7.4.7 禁止施工现场人员在疫情人员留置区走动，规范工人往返工地及生活区线路。

6.7.4.8 由于赶工，现场施工人员较多，需要保证临时卫生间数量等满足要求。防止生活污水乱排乱放。

6.7.4.9 根据新发、暴发传染病特点，及时按照医院防感染要求建立合理科学的工人施工及活动、用餐相应的流程及流线。

6.8 总体组织与协调

6.8.1 总体思路

6.8.1.1 应急临时医疗用房的建设组织应遵循统一思想、统一领导、统一部署、统一组织和统一协调的基本原则。

6.8.1.2 应采用现场办公和联合办公方式，及时确认、解决和应对遇到的各种问题。

6.8.1.3　应制订工程例会和专题会议制度。工程例会应每天召开，专题会议根据需要召开，会议召开前根据需要应进行现场检查。工程例会及例会性质的专题会参与人员应固定，尤其是设计、监理、总包、安装单位。宜召开现场技术协调例会，由院方或代建单位主持，及时处理设计和施工中的各种技术问题。其他专题会包括主要材料与设备供应商专题谈判会、负压用房专题会、样品验收专题会、预算审核专题会、电梯安装专题会、集装箱加固专题会和阶段总结专题会等，会前应进行充分准备。必要时可采用BIM技术辅助方案讨论。具体专题会策划可参考附录F。

6.8.1.4　若在既有院区建设，需与院方紧密沟通和联系。如需院方停水、停电或停气的，应提前告知，且需出示正式联系单，告知停水、停电、停气的开始与结束时间。

6.8.1.5　设计与施工需紧密结合。施工单位应提前介入设计工作，同步开展管线深化工作；负责施工详图与综合图的制作，参与节点设计；负责各分包商深化设计的协调工作，提供设计建议，及时完善图纸；配合设计做好可能出现的设计变更。对于现场遇到的技术问题，施工单位及时会同设计单位现场解决。设计单位及时确认施工单位提交的深化工艺流程和材料设备选型。

6.8.1.6　设计与生产加工制作厂家、安装单位紧密配合，确保设计的可实施性以及使用的安全性，满足各功能要求。

6.8.1.7　各专业提前沟通，落实相关事宜，例如综合布线系统，通信系统线路铺设深化（尤其是消防控制、网络机房、弱电间等），消防广播系统，计算机网络系统，病房呼叫系统和火灾报警系统。

6.8.1.8　做好测试和验收的组织与协调，充分考虑留给检测单位进行负压测试的时间，做好电梯、样板间、消防等重要内容验收。如需要，提前邀请验收或测试人员现场指导。专业系统调试需与院方或运营方做好对接工作。

6.8.1.9　正式移交前应做好与院方或运营方的对接工作，包括提供所有设备供应商的联系人及联系电话等，院方提前做好开办准备。

6.8.2 周边协调

6.8.2.1 做好与周边社区、居民的沟通和协调工作。尤其是夜间施工的协调。

6.8.2.2 若为既有院区，做好与医患人员的沟通和协调工作。

6.8.3 配套协调

6.8.3.1 及时办理各项手续及批复文件，包括立项、报审、市政配套和临时建设规划许可证等。为了提高效率，需提前沟通协调，尽量做到当天受理、当天办结。

6.8.3.2 与周边配套部门做好联系与协商，例如电力、通信、环卫等，提早开展配套建设、扩容或其他解决方案。

6.8.3.3 邀请配套部门及时到现场确认，制定相关方案，确认进度满足要求。

6.8.4 媒体沟通与协调

6.8.4.1 按照有关通知和规定，制订媒体沟通制度。

6.8.4.2 要求各参建单位做好网上信息发布管理工作。

6.8.5 信息沟通和文档管理

6.8.5.1 制订文件和信息管理制度，包括文件签收、会签、考勤、大事记及保密等制度。

6.8.5.2 建立日报制度，明确日报信息内容，如有重大问题，需及时向项目领导小组反映。

6.8.5.3 确保各报告数据的准确性和统一性，尤其是上报数据的真实性、准确性和一致性。

6.8.5.4 做好各类文件、材料、文档的收集、整理、复核和归档工作，保证工程技术资料与工程进度同步进行，确保资料的真实性、准确性和完整性，需签字的文档需要做好签字工作。做好竣工档案的管理工作。

6.8.5.5 做好现场图像、影像和重要文件的留存。

6.8.5.6 做好各类总结和回顾工作。

6.9 风险管理

6.9.1 风险管理策划

6.9.1.1 建设单位、院方、代建单位（如有）、设计单位、施工单位、监理单位、供货商及运营单位都应明确理解突发事件临时用房是边设计、边施工、边完善、边运营的特殊项目，需要各方加强风险管理，制订风险管理大纲。

6.9.1.2 风险管理的内容包括人、材料、设备、设施、施工方案和项目廉政建设等。

6.9.2 风险管理过程

6.9.2.1 人员组织。由于疫情期人员组织非常困难，要动员各方力量组织相应人员到位。

6.9.2.2 各方人员在疫情期间的各项防控措施应到位。

6.9.2.3 材料供应链的有效组织与管理。应加强材料供应的及时性与可替代产品的供应。

6.9.2.4 加强项目中设备设施的有效组织与供应，数量供应应统一、技术参数应一致。

6.9.2.5 施工方案在施工前应具有完整性与安全性。

6.9.2.6 由于项目边设计、边加工、边施工、边完善、边运营，保持项目各阶段的连续性，进行开工、施工、调试、验收、移交和开办使用各环节风险控制。

6.9.2.7 由于项目的应急性，项目管理中的廉政工作应有监察人员全过程参加。

6.9.3 风险管理难点

6.9.3.1 在施工工期优先的前提下，对技术管理与施工人员配置应与工程规模相适应，避免人员不足风险。

6.9.3.2 边设计、边加工、边施工、边完善、边运营所引起的现场材料、设备与设计计算的复核一致性。特别是确保结构的安全性、负压系统气流方向密闭性能否达到设计要求。

6.9.3.3 整体进度控制宜按样板引路，总体施工与单体同步施工、与开办紧密结合。

6.9.3.4　质量隐蔽项目验收的及时性，建立边施工、边验收的安全每班交底制。

6.9.3.5　做好总投资控制工作，特别合同签订后各类变更工作。

6.9.3.6　由于工期短、工作强度高、人员流动大，对施工材料留样、检测应及时，资料应完整，应当日完成清理工作。

6.9.3.7　廉政工作注重各环节预防工作，如合同签订、工程验收和供货验收等。

7　设计与施工管理

7.1　建设实施策划

7.1.1　项目总体规划可按照"一次规划、分步实施"的原则，总体规划床位规模，并规划好分期实施的床位数和对应的总建筑面积。

7.1.2　做好突发事件应急临时医疗用房的功能分区规划，主要功能为病房区，传染病区以2人间为主，单人间为辅；疑似病区为单人间。此外，根据现有医院功能和容量，还应设置医护技工作区、休息区、宿舍区及开闭所、配电间、医废垃圾房、污水处理和医疗气体（压缩空气、真空吸引）等设备用房。

7.1.3　突发事件应急临时医疗用房的项目规划设计，应处理好"临时应急"与"一定时间继续使用"以及"速度"与"质量"的矛盾。

7.1.4　规划布局可采用模块化理念，以适应疫情的发展需要进行建设。例如，某典型的突发事件应急项目规划设计：

（1）以50张床位为基本单位，并配备医护空间形成一个护理单元，每4个护理单元形成一个组团（200张床），每个组团设置医护宿舍休息区。

（2）一次性规划3个组团，共计600张床位，第一期组团按200张床设计。

（3）总体管网、污水处理、雨水回收、供电线路及开关站容量等涉及城市市政衔接和总体配套方面均按600张床位一次性建设到位。

（4）变压器、柴油发电机组、空调机组、负压风机组、新风机组等可以按组团独立设置的设备设施则按200张床分期实施，以达到经济效益与应急建造高速度之间的最佳平衡。

7.1.5　突发应急临时医疗用房规划建设不宜超过三层，并且按区域面积大小规划好安全通道，同时病房的间距应合理规划，以保证理想的防护间距。

7.1.6　应考虑应急病房的疫后再利用：

（1）对比同类临时应急建筑，总体规划设计在病房工艺、医疗流线、人性化设计、环境保护以及使用寿命等方面均可采用较高的标准，以考虑应急病房可供较长时间使用。

（2）在疫情过后，通过加强消防设施、智能化系统、完善使用效果等措施，可以按 5 年以上使用寿命进行使用，提升城市负压隔离病房的综合救治能力，或满足医院改扩建过渡用房需要。

7.2　设计工作原则

7.2.1　设计团队构架与服务

7.2.1.1　宜由一家有丰富医疗建筑设计经验的设计单位进行主设计和设计管理，设计团队主要包括：

（1）设计总负责和设计管理团队。由设计总负责人、现场负责人、各专业现场负责人组成。

（2）主体设计团队。包括建筑、结构、给排水、暖通、强电和弱电，必要时开展现场设计。

（3）专项设计及设计深化团队。室内、景观、BIM、污水、门窗、钢结构、智能化、净化、医疗工艺、医疗专项和医疗设备等，必要时开展现场设计。

7.2.1.2　设计单位负责人或项目负责人主持现场设计的工作模式可作为保证重大应急工程建设成功的一项关键保障措施。具体服务模式为：

（1）设计院以总设计师带队常驻现场，不断根据实际情况修改设计，使项目施工得以快速推进。

（2）在"边设计、边施工、边完善"状态下，设计团队不断自我优化，充分利用各项社会资源，保证设计选型的设备获得快速采购和安装。

（3）与医院、施工单位、供货单位等不断沟通和交流，及时调整和优化设计。

7.2.2　设计工作原则

7.2.2.1　时效性

（1）应急救治临时医疗用房项目的设计，工作任务紧急，设计周期应满足业主的特殊需求，并且考虑施工工期满足应急救治需求。

（2）应在极限时间内满足分阶段出图要求，以开展施工准备和工程施工。

7.2.2.2　安全性

（1）确保建筑安全，水、暖、电、医用气体等各专业系统运行安全。

（2）合理设置、设计重症救治场景，充分考虑同一时间段大量抢救设备、仪器对电路、医用气体的特殊要求。

（3）医疗流线设计合理，控制传染源、切断传染源，确保医护人员和病患安全。

（4）确保院区内外环境卫生安全。

7.2.2.3　交叉性

（1）应考虑多专业合成及交叉对设计质量的影响。

（2）在方案设计阶段应考虑施工、采购可行性，设计、采购、施工并行推进。

7.2.2.4　因地制宜

（1）应依据项目所在地区的雨雪、季风等环境气候特点，考虑保暖隔热、风向和风力强度等影响因素，合理布局设计。

（2）宜紧密依托项目所在院区既有医技检查、负压手术室、后勤保障等设施，形成功能互补。

（3）应在极短的时间内理清既有院区原有的水、电、气、通信等配套设施的容量冗余和院区内多次改造后的管网线路情况。

（4）尽可能减少对既有院区现有道路系统、绿化树木的破坏。

（5）设计团队应实地反复踏勘，将存档图纸资料与现场状况比对，同时与医院各使用部门和政府各主管部门反复沟通，确保方案设计的可实施性。

（6）考虑到工期的限制及采购、运输、施工等方面的困难，设计团队应与材料设备供应商、构件生产厂家、设备采购安装单位同步进行技术配合，确保设计成果的可实施性。

7.2.2.5　全程设计、持续优化

（1）设计可分为三阶段：第一阶段提供场地平整和基础施工图；第二阶段提供施工图，提供正式蓝图；第三阶段进行优化深化设计，包括提供正式图纸、草图、深化图和现场指导方案等内容。

（2）基于突发事件应急项目的特点，由最初设计以快速成型为主，保证病房的功能性；随后，在不影响施工工期的前提下，持续优化设计，逐渐关注美观效果和性能提升。例如，实体墙面外设铝板装饰，局部设盖板遮盖冷凝水管，注重美化立面效果，并注重色彩与周围建筑协调。

7.2.2.6 BIM 正向设计

（1）对于负压隔离病房等功能复杂的医疗用房，可采用 BIM 三维正向设计。

（2）基于 BIM 实现各专业设计的管线、构架、终端与建筑形体、空间组织形成最佳组合，实现高效、高质量模块化设计。

7.2.2.7 完整性

（1）尽管突发事件应急临时医疗用房项目的设计周期很短，但是必须保证设计出图的完整性，即在各专业施工之前及时出齐全套图纸。

（2）各专业图纸可不断完善。例如弱电设计方面，如前期无设计图，则应在施工过程中及时处理并提供修改设计图，体现按图施工的原则。

7.2.2.8 人性化

医疗临时用房承担突发公共卫生事件任务艰巨、责任重大，医护人员与患者在诊治期间面临生活压力与精神压力也较大，应注重良好的医疗环境设计。

7.3 各专业设计要点

7.3.1 建筑专业

7.3.1.1 当突发事件应急临时医疗用房在既有院内建设时，在建筑风格上，无论是体量、色彩、造型，还是细部，应尽量与院区现有建筑相协调，与基地融为一体。

7.3.1.2 从平面布局和流线组织上保证医疗卫生的安全性。

（1）在平面布局上，按照"三区两通道"的原则设计，流程设计紧凑高效，确保医护人员的工作安全。

（2）在流线组织上，充分利用基地空间，同时又与原有院区紧密结合，将洁污流线、医患流线、货物和医废流线合理组织，避免交叉感染。典型的平面设计见附录F。

7.3.1.3 考虑项目工期的限制，应采用适用快速建造的模块化设计。

（1）宜采用"集装箱"快速搭建的结构形式进行模数化、模块化的设计施工。建筑的整个模块（包括病房模块及医护模块）均应体现复制生长的模块化设计理念，为应急状态下的迅速复制和扩建提供高效的选择。

（2）典型的应急救治临时医疗用房项目：建筑平面按照3000mm×6000mm的模数进行搭配组合，负压隔离病房可通过三个集装箱形成一个标准单元，两侧布置病房，中间为卫生间及缓冲系统。

（3）病房单元化复制组成整个病房区域模块，一个病房区域模块内可设置50张床位，一个病房区域模块对应一套完整的医护辅助系统，包括护士站、医生办公、配药室、耗材库及更衣、淋浴、卫生间等辅助设施。

（4）医患走道及医护工作区应按照集装箱模数进行空间布局。既便于施工组织，也为远期建设做好了充分的准备。

（5）根据不同医疗功能的荷载需求，将集装箱箱体模块分为3000mm×6000mm标准模块和3000mm×3000mm重载模块。结合建筑布局和相应设备荷载需求，将不同模块拼装组合，满足相应医疗功能的荷载需求。

（6）主体部分采用集装箱式结构，可充分发挥此类模块化结构安装快速、构架标准化、工厂化生产、可回收利用等优点。同时采用数百个集装箱连接整合，可形成稳定的结构体系，辅助以部分斜向支撑构建，可以较好地抵御台风、地震等自然灾害，具有较好的结构安全性。

（7）模块化设计的组成材料：由顶框组件、底框组件、角柱和若干块可互换的墙板组成，采用模块化设计理念和生产技术，把一个箱房模块化成标准的零部件，到受用地再现场组装或吊装落位即可；箱体之间的连接采用角件相互连接的构造，其节点连接保证有可靠的抗剪、抗拉（压）与抗弯承载力；箱体的现场连接构造有施拧施焊的作业空间与便于调整的安装定位措施。

（8）由于集装箱式结构的整体性好，对基础要求低，可采用天然地基，从而便于实现施工现场快捷安装，确保特殊要求的施工工期。

7.3.1.4 应做好气流组织和负压系统等核心技术体系设计。

（1）为确保达到较长使用时间的建设标准，重点关注病房负压系统的建设，采取分步封堵、层层落实围护结构的密闭效果，同时达到使用要求。

（2）当项目建设服务于呼吸类传染病时，例如服务于新冠肺炎集中收治，病房应按照最高等级的负压隔离病房进行设计，并规划好功能分区和相应的负压值。

（3）负压系统设计要点：门窗采用实验室专用门窗或用于外墙的普通门窗，传递窗采用机械式密闭传递窗，保证房间的气密性；地漏采用带过滤网无水封多通道地漏并加水封的设计，洗手盆排水及空调冷凝水排水用于给水封补水，确保水封不会干涸；进入病房的缓冲区设置医用凝胶消毒代替水斗，减少开洞，降低污染可能性；其他提高建筑空间气密性的措施。

（4）气流组织的设计要点：建筑气流组织形成从清洁区至半污染区至污染区有序的压力梯度。房间气流组织防止送、排风短路，送风口位置使清洁空气首先流过房间中医务人员可能的工作区域（见下图），然后流过传染源进入排风口。同时满足温度舒适性要求。

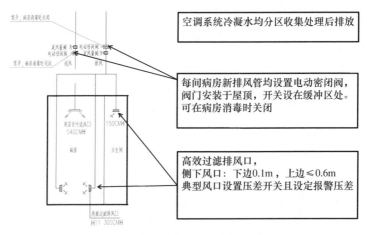

病房气流组织示意图

（5）为保证病房内的空气质量，应对室内换气次数和风量进行控制；每间病房送排风支管均设置定风量阀，以确保房间准确风量；风机采用变频风机可以恒定风量。

（6）负压隔离病房密封构造设计：室内地面铺设 PVC 卷材，顶板拼缝加刷防水涂料，室内阴角采用 L 形金属盖板，板缝以硅胶密闭，墙板以硅胶密闭；门窗框与墙体之间以硅胶填缝，外面再采用金属盖板，板缝以硅胶密闭；管道与墙体之间以硅胶填缝密闭。

7.3.1.5   建筑空间环境设计应考虑构建和谐人性化的医疗环境。

（1）完善的医疗流线达到医疗工艺的高标准，应急项目的医疗流线设计与医院已有传染病房采用同样的标准，以保证最佳的治疗效率和安全性。

（2）若为二层结构，洁污电梯宜与坡道相结合的设计，可以在电梯安装调试尚未完成之时即可开展二层的医院开办及使用，利于确保交付工期。在疫情期间遇到电梯故障时可利用坡道运输，大大减少电梯维保的压力。

（3）应保证整洁的外观设计形象与医院现有建筑和谐相融。

（4）考虑良好的室内采光和优美的外部环境，以提高病患的生活环境条件，有利于病患提升自身免疫力，可为加快治愈提供最佳的外部保障。

（5）建筑中最大化地考虑医护人员的休息场所：可在洁净区设置医护人员宿舍、医护休息室和淋浴区；可在半污染区设置护士站及医生办公室。

7.3.2   结构专业

7.3.2.1   突发事件应急临时医疗用房的结构设计，施工工期应作为首要考虑因素，同时还需要考虑材料、运输、场地及施工等各项因素，达到完美的平衡点。

7.3.2.2   结构设计与现场材料要进行复核，确保结构的安全性。

7.3.2.3   由于需要在极短时间内完成设计并施工，达到快速投入使用救治病人的目的。结构设计不仅要满足最基本的结构安全性、施工可操作性，同时要兼顾舒适性、实用性及短期内的使用多变性。因此，结构设计主要体现出以下5个特点：

（1）突发事件应急临时医疗用房属于抗震防灾建筑，具有比一般民用建筑更为严格的抗震要求。因此，医疗建筑的抗震设防分类根据其规模常被划分为乙类，其抗震措施应符合本地区抗震设防烈度提高一度的要求。

（2）突发事件应急临时医疗用房虽然是临时建筑，但要兼顾院方一定使用年限的要求。考虑到近年来极端气候增多，设计参数的选择应有足够安全余量。

（3）突发事件应急临时医疗用房结构形式选择应方便加工、运输及安装，上部结构应优先考虑采用工业化程度较高的模块化、装配式的轻型钢结构，例如"集装箱板房"结构。

（4）轻型结构应充分考虑抗风措施，构件连接安全可靠。

（5）结构主体应防渗、防漏及密闭，且要充分考虑屋面排水措施。

7.3.2.4 基础设计要点：

（1）为节省时间，可参考项目紧邻地块的"岩土工程详细勘察报告"进行地基基础设计。

（2）考虑地上众多集装箱形成整体，减少不均匀沉降以及加强在使用过程中箱体与箱体之间连接的密封性，同时为了加快施工进度，基础采用整体筏板基础。

（3）对地面进行简单清理，而后夯实处理，压实后地基承载力特征值不小于 40kPa。而后铺设混凝土垫层并浇筑 250mm 厚混凝土底板。

（4）为确保病房的污水废水不直接流入土中产生污染，混凝土底板采用抗渗混凝土。

7.3.2.5 集装箱模块化设计要点：

（1）抢险应急综合医疗用房可设计二层，建筑布局采用钢结构"集装箱"模块化布局。

（2）门厅部位和单层辅助用房可为非标准模块区域，采用钢结构框架，抗震等级为三级。

（3）门厅与综合医疗用房之间设置抗震缝。

（4）为满足业主的快速建设、早日投入使用的要求，采用常用的钢结构构件截面，且构件种类尽量单一。

（5）优化布置 3000mm×6000mm 标准模块和 3000mm×3000mm 重载模块，保证结构安全可靠承担不同医疗功能的荷载。

（6）依据医疗用房的功能需求和荷载情况，应对装配式集装箱的箱体进行相应加固设计，例如增加结构柱、次梁间距加密、设置柔性拉索与角部斜撑等，使集装箱的承载力及刚度满足各工况下的荷载要求和使用要求。

（7）由于集装箱的模数限制建筑平面布局，部分大跨及不规则范围不易布置，因此在门厅等局部位置采用钢结构。局部钢结构尽量采用厂家库存现有规格，且限制非模块化的局部钢结构范围，缩小对工期的影响。

（8）由于集装箱顶排水槽较浅，易引起积水，造成漏水隐患，应在集装箱顶布置斜屋面。屋架结构宜采用轻钢桁架，桁架构件规格尽量单一，桁架支点基本位于箱体柱上，保证屋架对箱体结构产生较小影响的基础上，妥善解决排水问题。

（9）荷载取值：项目抗震设防烈度、风压和雪压都应依据《建筑结构荷载规范》（GB 50009—2015），按项目所在城市考虑结构设计取值，抗震措施按提高一度考虑。主要功能用房的活荷载取值可参见下表。

主要功能用房活荷载标准值

功能分区	活荷载（kN/m^2）
医院病房、门诊室	2.0
门诊大厅	2.5
走廊、门厅、阳台	2.5
电梯机房	7.0
楼梯	3.5
不上人屋面（无设备）	0.5
不上人屋面（有设备）	2.5

（10）对于二层建筑，应稳固下部箱体减少对钢屋盖的不利作用，下部二层箱体必须确保两两紧密连接。箱体与箱体上下左右均用螺栓夹紧，在保证结构安全的同时，对建筑的密封性也提供了良好的条件，确保负压隔离病房能完美实现。

（11）在风荷载作用下，应保持箱体与钢屋盖的整体性，可在对建筑影响较小的位置增加竖向支撑，克服箱体本身梁柱节点薄弱的缺陷，从而增加结构刚度。

7.3.2.6 钢屋盖设计要点：

（1）考虑到集装箱顶排水槽较浅的天然缺陷，宜在集装箱顶设计布置轻钢结构坡屋面。

（2）钢屋盖结构形式采用轻钢平面桁架，并可在桁架与桁架的周边设置水平支撑以保持整体桁架的平面稳定。

（3）考虑屋面系统在设计风载下的安全性，可在檩条与檩条之间设置双层直拉条。

（4）桁架的支座采用固定铰支座，节点板与下部箱体可采用"螺栓＋周边围焊"的连接方式，保证每个螺栓具有足够的抗拔力，确保在极端气候条件下的屋架支座安全。

7.3.2.7 施工配合过程中的钢结构现场设计要点：

（1）集装箱样板间的整体装修时，由于门窗及设备管井开洞的移位，涉及结构柱位的移动，需及时进行柱位改动后的计算复核，在极短时间内给出结构加固方案供现场施工。

（2）在确保结构使用安全、快速施工的基础上，满足院方使用及美观的要求。

（3）在门厅等建筑效果要求比较高、面积占比不大的部位采用非标准跨度的钢结构，为方便加工和拼装，钢结构梁柱设计宜采用常用的、单一截面型钢种类，并在设计及施工准备过程中与钢结构厂家充分沟通，及时复核厂家提供的钢结构截面，确保附近仓库有现货，经工厂简单加工即可进场安装。

7.3.3　给排水专业

7.3.3.1　基于突发事件应急临时医疗用房项目具有临时性、实用性和可实现性的特点，给排水专业对各系统的设计应进行综合考虑和定位。尤其针对工期要求非常严格的情况，所有设备都要做到易采购、易运输、易安装。

7.3.3.2　给水系统设计：

（1）通常临时病房建筑不超过三层，给水系统的设计和设备选型，可根据基地内市政管网及水压情况，选用一套设置于成品箱体内的罐式管网叠压供水设备作为临时医疗用房的供水水源，既可保证在市政压力波动时的供水稳定性，又能保证安装方便、不影响施工进度。

（2）针对病房所划分的清洁区、半污染区和污染区三种区域，各分区的供水管均分别从室外总管上进户，各分区给水管不互相穿越，且所有污染区、半污染区的供水管引入管前端均加设防污隔断阀组。

（3）传染病救治用房需考虑各种清洗区域以防交叉感染，尤其是洗手设施设备的设计：医护人员使用的洗手盆、洗涤池、化验盆等应采用非接触式的感应水龙头；公共卫生间的洗手盆应采用感应自动水龙头。

7.3.3.3 排水系统设计：

（1）突发事件应急临时医疗用房项目室内及室外排水系统，除通气管外，应保证整体气密性符合相关医疗用房工程建设规范要求，并保证排水管内有害物质不外泄。

（2）室内排水立管及部分室外污水检查井设置伸顶通气管，通气管均加设高效过滤网及紫外线消毒装置，确保有害气体不进入大气中。

（3）室内空调冷凝水收集可进入污水系统，室内地漏均设置不小于50mm的水封，并通过洗手盆和空调冷凝水为水封补水，保证水封不干涸。

（4）室内清洁区、半污染区、污染区污水不共用排水管。室外污水管也分为清洁区污水管和污染区污水管，保证不发生交叉污染。

7.3.3.4 污水处理系统设计：

（1）突发事件应急临时医疗用房项目的污水处理系统应满足《传染病医院建筑设计规范》（GB 50849—2014）和《医院污水处理工程技术规范》（HJ 2029—2013）的相关指标和工艺要求。

（2）污染区内尽量少设置地漏。

（3）突发事件应急临时医疗用房项目的污水处理工艺流程可采用：预消毒→化粪池→调节池→生化处理→深度膜处理→消毒池→污泥处理。在预消毒及后部消毒池中均可投加臭氧和二氧化氯进行深度消毒，并在工艺流程中提供充足的停留时间，为出水水质的安全性提供保障。

（4）考虑施工工期的紧迫性，全部污水处理设备的设计选型均应采用成品可填埋型号，保证在极短的工期内完成污水处理系统的生产、运输、敷设组装和填埋的全过程施工。

（5）污水池产生的废气宜采用"紫外线＋活性炭吸附"的方式去除。

7.3.4 暖通专业

7.3.4.1 在建筑平面布局合理、医疗工艺流程设计合理的前提下，暖通专业科学合理的设计直接关系到医护人员的防护安全和病人的治疗效果。

7.3.4.2 根据突发事件应急临时医疗用房项目采用集装箱装配式的特点，从实际功能需求出发，优化空调通风系统设计，实现"空气隔离"设计要点包括：

（1）可采用换气次数不小于 12 次 /h 的全新风直流式空调系统设计。

（2）各区域的气流组织顺序为——清洁区→半污染区→污染区。

（3）病房内的气流组织顺序为——工作人员→病人。

（4）气流设计应保持一定的压力梯度，负压隔离病房与其相邻、相通的缓冲间、走廊压差应保持不小于 5Pa 的负压差，并就地设置负压显示装置。

（5）气流设计应保证病房为负压，防止病源微生物向外扩散。

7.3.4.3 病房排风口、排风机均设置高效过滤器灭菌后高空排放；应监测并及时更换过滤器，被更换的过滤器按照污染固体废弃物处理，以避免对环境造成影响。排风口应远离人流密集区，应设在高于半径 15m 范围内建筑物高度 3m 以上，应满足距离最近建筑的门窗及新风进口等最小不少于 20m。

7.3.4.4 充分考虑使用及检修的方便性、可行性，新排风设备、电动密闭阀门、定风量阀门均设置于屋顶。排风机位置的设置应确保在建筑内的排风管道内保持负压，避免由于室内管道正压而产生的泄漏；送排风管道应设置风量调节装置，每间病房的送排风支管上应设置可单独关断的电动或气动密闭阀；宜在送排风系统上设置测量风量的装置；送排风系统的过滤器宜设压差监视装置。

7.3.4.5 室外排风口应进行防风、防雨、防虫和防倒灌设计，使排出的空气迅速被稀释。排风机的吸气口应设置与风机联动的电动或气动密闭阀。

7.3.4.6 排风系统的风帽选型，不可选用伞型风帽以免影响高空排放，可选用锥形风帽或渐缩型风帽，条件允许情况下可选用虚拟排（Virtual Stack）实现高空排放。

7.3.4.7　新风经直膨式新风机组初、中、高效三级过滤后送入病房，并且新风口应远离排风口。

7.3.4.8　新排风设备均设置备用，并进行联动连锁控制：开启时，应先开启排风系统，再开启送风系统；关闭时，应先关闭送风系统，再关闭排风系统。

7.3.4.9　新排风机组的过滤器、高效过滤排风口均设置阻塞报警。

7.3.5　强电专业

7.3.5.1　供电电源的设计与选型应考虑：由两路电源供电，当一路电压发生故障时，另一路电压不应同时受到损坏，保证正常供电。

7.3.5.2　变压器的设计选型考虑：

（1）作为临时应急项目，可采用成品箱式变压器。

（2）进行具体容量计算，考虑随时增加设备、扩大用电量的可能，用电储备宜在计算容量的基础上增加 30%~50% 的预留空间。

（3）若在既有院区内设置，还应关注设置位置是否与院区内管线碰撞问题。

7.3.5.3　应急备用电源的设计选型考虑：

（1）除风机电辅热、病房分体空调、电热水器等非重要负荷外，其余应急病房用电应纳入柴油发电机保供范围内，供油时间应大于 24h。

（2）柴油发电机宜采用集装箱式。

（3）根据低压用电负荷的切换时间要求，落实柴油发电机与箱式变压器低压出线的切换问题及机组的启动信号来源。

7.3.5.4　供电系统形式：高压采用单母线分段，两段母线同时使用，互为备用（100% 备用），高压侧采用手动联络。

7.3.5.5　强电管线的敷设设计考虑：采用集装箱装配式，各机电管线设计时需进行综合，确保室内净高要求。

7.3.5.6　考虑项目为临时应急项目，使用过程中可能新增用电需求，箱式变压器低压出线按大电流回路采用埋管加电缆井的形式。

7.3.5.7　考虑医疗用房长时间用电的需求，强电设计需考虑增加消防电源监控系统、电气火灾监控系统、有源滤波设备、屋顶效果灯带等设备系统。

7.3.5.8　为保证病房负压效果，强电设计应尽量减少穿越分区及病房的管线；若需穿越，则在穿越处均应采用密封处理。

7.3.5.9　配电控制箱应设置在清洁区。

7.3.5.10　变电站等设施应考虑通风、降温等必要防护措施。

7.3.5.11　设备机房与值班室，应设置物理隔断，并按危化品规范设置独立危化品储存室。机房与值班室设计应考虑通风和减噪。

7.3.6　弱电专业

7.3.6.1　突发事件应急临时医疗用房项目的弱电专业设计，应充分关注到临时医疗用房是既有院区现有医疗系统的组成部分，合理配置弱电系统的设计内容。通过与既有院区的信息中心、消防安保中心等系统联网，实现项目应有的弱电智能化功能。而且弱电专业的综合布线应有前瞻性，可考虑不断提升智慧病房设计及建设水平的需求。

7.3.6.2　针对突发事件应急临时医疗用房项目特点，合理应用弱电智能化技术，遵循实用原则，不必追求时髦和新技术堆叠。例如优先考虑选用病房呼叫系统，选择性采用视频监控、门禁等系统。外围和通道应安装视频监控和门禁系统。

7.3.6.3　弱电系统的管线敷设，应充分考虑医疗用房的不同洁净区的技术要求，在线路走向设计上予以全面落实。同时在房间内的管槽走向、取材等方面需满足美观的要求。

7.3.6.4　智能化控制相关设备系统，可按需求的迫切性程度适当选用。例如传染病区对于暖通设备控制，可优先对压差用风机实施精确控制，而对节能控制、安防系统等控制，则可视运行需求分期调整实施。

7.3.6.5　在条件允许的情况下，设置电视信号与无线网络信号等娱乐内容，缓解患者在隔离期间的心理压力。

7.3.6.6　在条件允许的情况下，设置接触池、流量计、pH 值、余氯值等多种核心数据在线监测系统，以满足环保要求。

7.3.7 消防专业

7.3.7.1 对于"以防万一"的消防系统，可经消防部门、业主方等各方同意后适当放宽设计要求，按简单、可用考虑。应急情况过后，若消防水或暖通排烟上需要增加内容，可考虑一并完善，达到正常项目应有的完整性。

7.3.7.2 考虑建筑的临时性、紧迫性、层高较低和可灵活调派消防力量等因素，突发事件应急临时医疗用房可暂不设置室内喷淋系统。

7.3.7.3 考虑到生物安全性，室内消火栓系统可不接入室内，可仅将箱体设置于一层外墙面明装，并可在楼梯口等位置加设箱体，二层不设置室内消火栓系统。

7.3.7.4 考虑消防安全性补偿，可在室内每层设置多个由生活供水管道上引出的消防自救卷盘，并应按严重危险级配备磷酸铵盐和水基灭火器。

7.3.7.5 室外及室内消火栓系统水源可利用既有院区内已敷设的室外及室内消火栓环网，两个系统分别从既有院区的环网引入两路供水，并在建筑周围形成供水环网。

7.3.7.6 防排烟系统设计考虑：

（1）病房外走廊应设置自然排烟系统，便于病人逃生。

（2）其他区域按照项目启动时所征求的消防部门意见，按协商确定的方案执行，保证临时消防通道、设施规范有效。

7.3.7.7 消防系统应明确设置消防报警系统（可考虑采用无线系统）。

7.3.8 医疗相关专业

7.3.8.1 医用气体系统的设计应满足《医用气体工程技术规范》（GB 50751）等相关规范要求，设计选用的医用气体源与汇、医用气体管道与附件、医用气体供应末端设施，在考虑满足功能需求的条件下，还需考虑突发事件应急采购的便捷性。

7.3.8.2 考虑项目服务于急救需求的特点，氧气系统的设计和设备选型应考虑：

（1）比常规项目末端用气量大。

（2）使用系数高。

（3）根据实际需求合理计算容量，保证具备 100% 供氧量的空间。

7.3.8.3 医用真空系统的设计和设备选型应考虑：

（1）独立的传染病医疗用房的真空系统宜独立设置。

（2）医用真空汇在单一故障状态时，应能连续工作。

（3）医用真空系统排气口经杀菌消毒后高空排放，远离医用空气进气口、门窗等。

（4）多台真空泵合用排气管时，每台真空泵排气应采取隔离措施。

（5）医用真空汇应设置应急备用电源。

7.3.8.4 排水方面的设计要点：

（1）基础及地坪采用 250mm 厚防渗混凝土，并以防水涂料加强抗渗漏效果。

（2）雨水收集至全院统一的管网经处理达标后向市政管网排放。

（3）污水经密闭的室外管网收集，并经污水处理站预消毒外加二级生化处理、深度膜处理再消毒的工艺处理，达标后向市政管网排放。

7.3.8.5 机房放射防护方面的设计要点：

（1）布局设计。根据项目用地、医疗工艺等因素，选择放射诊疗设备机房的位置，使其对医护人员和病患的影响最小。

（2）构造设计。可采用"迷路式"出入口、具有相应铅当量厚度的防护物等措施屏蔽辐射，并应在适当位置设置工作指示灯、电离辐射警示标识、双向对讲系统、监视系统和应急照明灯、门机连锁、机房门防撞防挤压开关等安全防护设施，确保机房的防护效果符合相关标准要求。

7.3.8.6 宜考虑医用物流机器人进行送药、送餐等服务，设计与选型的考虑要点：

（1）机器人运行流线设计，减少由于物流而导致的院内感染。

（2）机器人车身的承载力设计，满足突发事件急救需求。

（3）机器人导航模块设计，保障运行路径的精确性和安全性。

（4）机器人安全避障模块设计，保障车身和医护人员、病患的安全。

7.3.8.7 固体废物由医院专用焚烧炉统一焚烧，或严格按照规范要求由专业公司处理。

7.4 设计施工协调

7.4.1 施工中的设计变更

7.4.1.1 由于设计周期较短，各专业图纸可能存在出图不够完整、深度不足以及机电综合管线排布不成熟等情况，设计单位应安排设计代表常驻现场。在第一时间对土建、机电相关问题作出协调，并报业主单位确认协调结果。

7.4.1.2 由于项目施工期紧凑，且疫情期间有些工厂可能停工，故部分材料可能无法满足原设计需要。设计单位应根据施工单位所能购买的相关材料进行现场设计变更，在满足功能使用的条件下，尽量保证原有设计效果。

7.4.1.3 设计单位需每日配合业主方、施工监理、总承包单位进行现场检查，针对现场出现的问题及时讨论，并通过相关例会充分沟通，以确定事实可行的、能够满足进度要求的整改方案。

7.4.1.4 由于疫情情况可能出现反复，业主方对整个项目的需求会随着疫情变化而有所调整，故设计单位应在第一时间配合医院完善方案调整，并通知施工单位确认此方案在现有条件下是否可行，各方确认后，形成最终结论并调整图纸。

7.4.1.5 设计单位宜建议病房模块优先完成局部样板房施工，供业主单位及相关职能部门现场检查，通过样板房有利于查找各类细节问题，如与设计有关，则及时根据业主单位要求完善或调整。

7.4.1.6 所有设计完善、调整、变更的相关内容，包括现场图像、影像资料，应形成例会纪要并存档。对于已确定修改调整的部分，需及时通过技术核定单的形式与业主方、施工监理、总承包单位进行确认。

7.4.2 专项设计

7.4.2.1 由于需求的特殊性，设计任务中存在众多的专项设计内容，如消防、污水处理、负压隔离病房及供气等专项设计，设计单位需向各参建单位专题汇报，明确设计要求，并准备相关材料报各政府职能部门审核。

7.4.2.2 待各职能部门对设计内容审核后，如有相关整改意见，设计单位在第一时间调整方案，经业主确认，通知总承包单位按审核意见修改。

7.4.2.3　在医疗专项设计方面,设计单位应及时与施工单位和医疗设备供应商沟通协调,保证专项设计图纸与医疗设备的场地要求及安装条件相吻合。

7.4.2.4　待施工初步完成后,调试过程中,应对各专项内容调试参数一一比对,确认是否满足设计要求,如负压值、污水处理出水水质等参数。如有问题应及时找出原因,并提出修改建议。

7.4.3　竣工验收协调

7.4.3.1　施工过程中积累的各专业设计变更或技术核定单,应及时做好记录并保存完善,相关调整应最终体现在竣工图中。

7.4.3.2　各机电系统的调试,如电梯、弱电系统、供水供电等,设计单位应及时组织相关专业负责人现场配合,如有问题应配合施工单位及时整改。

7.5　施工总体管理

7.5.1　施工目标

7.5.1.1　工期目标。统筹规划,合理安排,优化方案,确保工期,满足突发事件应急临时医疗用房的特殊要求工期。在保证总工期的前提下,确保满足关键节点工期要求。

7.5.1.2　质量目标。确保项目质量全部达到《建筑安装工程质量检验评定统一标准》(GB 50300—2013)等工程质量验收标准;工程一次验收合格率达到100%;确保项目质量体系正常运行。

7.5.1.3　安全目标。无重大伤亡事故,无管线损坏事故;劳动保护、防疫措施100%到位。

7.5.1.4　文明施工目标。项目施工现场确保达到文明施工标化标准;确保施工区域无扬尘、无污染、无扰民、低噪声及无环保投诉;坚持预防污染,使用环保建材。

7.5.1.5　廉政建设目标。确保工程实施过程中不发生廉政事故。

7.5.2　总承包管理架构体系

7.5.2.1　为确保应急项目的按时完成,总承包单位宜构建由领导小组和工作小组所形成的两级组织架构体系，及时处理施工过程出现的各类问题：

（1）领导小组控制各关键节点进度和项目实施总进度。

（2）领导小组负责协调解决劳动力、设备、材料等资源调配问题。

（3）工作小组负责推进施工各阶段各工序的现场实施。

7.5.2.2 总承包管理架构体系中应明确各分包商、职能部门的具体对接人员，做到职责到人，管理条线清晰。

7.5.3 施工部署

7.5.3.1 部署原则

（1）用足时间，填满空间。最大限度地使用机械、材料、劳动力等资源，宜安排施工人员多班次连续作战，保证有工作面的部位宜安排工人施工，以保证突发事件应急临时医疗用房工程的快速推进。

（2）材料与设备合格且充足。杜绝因材料与设备的质量不合格、数量不足而引起的停工。

（3）加强施工过程质量控制。严格控制施工过程中的工程质量，加大自检力度，防止返工耽误工期。

7.5.3.2 施工现场平面布置

（1）由于在建设项目工期特别短的条件下，交叉作业界面多、搭接工序多，同时施工量大，材料进出繁忙，而现场场地资源十分有限，总平面布置既要统一规划，合理分配和利用有限的场地资源；同时还要与各阶段施工相适应，符合施工流程要求，减少各工序之间的相互影响和牵制。

（2）在不影响施工的前提下，合理划分施工区域和材料堆放、周转场地。

（3）根据各施工阶段合理布置施工道路，尽量保证材料运输道路通畅，施工方便。

（4）符合施工流程要求，减少对专业工种施工干扰。

（5）各种生产设施布置便于施工生产安排，且满足安全消防，劳动保护的要求，临设布置尽量不占用施工场地。

（6）临时生活办公设施可考虑租用既有院区内的可用设施设备。

7.5.3.3 电源选择

（1）工程项目应从市政引入二路电源，每路电路容量都应能保证项目正常运行，电路接至现场设计的每组变压器和柴发。

（2）设置足够数量的 630kV 箱变提供现场用电，按需接至用电区域。

（3）低压配电根据工程特点、负荷实际情况按总电源接线端口电器负荷分配原则，办公用电与施工用电在配电时分开。

（4）电线敷设根据施工现场情况可采用埋地电缆方法。

（5）在工程开工前，设立临时接地装置，保障施工现场安全用电。

7.5.3.4 临时用电

（1）临时供配电系统供电级数一般不超过三级，配电模式为：工地临时变电站→区域配电箱→终端配电箱。

（2）配电方式：至各区域配电箱为放射式供电，楼层内垂直配电为树干式配电，采用二路配电主干线沿楼层的两侧交替配电。

（3）临时配电箱选型设计，区域配电箱原则上选用 I 型箱，终端箱选用 II 型箱，电梯配电箱选用 5 型箱，电焊机配电箱选用 31 型箱。除了区域箱内开关部设漏电开关，其他配电箱配出回路均设漏电保护。

（4）为了防止施工工地上电缆损坏，所有主干线电缆均采用钢带或钢丝铠装电缆。垂直敷设的临时主干线每隔 2m 做一个固定支架固定敷设电缆。

（5）为了保障施工现场临时用电安全，施工现场临时用电必须根据《施工现场临时用电安全技术规范》（JGJ 46—2016）实施。保证临时接地安全可靠。

（6）配电站要考虑设置隔热板、通风设施，必要时需安装空调以避免高温季节室内温度过高，并在室内设置温度计、湿度计等指标监控设备。配电站设置铜丝防护网和必要的排水系统。

7.5.3.5 临时用水

（1）工程项目的临时用水包括现场施工区域一般生产用水、施工机械用水、办公区域与生活区域用水及消防用水。

（2）施工现场用水与办公区及职工生活区用水可从既有院区就近管网引入水源至现场总临水阀门，现场用水管道口径宜选 Φ63 规格组成供水主网络，并在各需要用水部位留出水龙头。

（3）利用院区已有消防设施，在施工区域和办公生活区分别设置足够数量的消防栓，各配备 50m 消防软管。

（4）现场消防用水宜利用场地内医院消防水系统。

（5）每楼层在上下通道口、脚手架等部位均设干粉灭火器，并定期检查更换。

（6）楼层施工用水可用 Φ63 管径水管布置至各施工层面，以满足结构及装饰施工用水。

（7）所有水管均沿围墙或路下敷设，穿越重载车处作加固处理。

7.5.3.6 临时大门、道路及围墙布置

应依据施工的人流、车流和物流进行合理设置，考虑尽量减少对既有院区运行的影响。

7.5.3.7 临设搭建

（1）工程项目的生活区及办公区充分利用既有院区内的建筑空间，设置大食堂、浴室等临时功能用房。

（2）考虑便于施工人员与管理人员上下班出入管理、施工各种车辆出入管理。

（3）考虑突发事件应急项目工期极短、高峰期施工人员急增的特点，可考虑安排部分施工人员在周边民宿、旅店住宿。

（4）考虑临时搭建对周边环境的压力，需设置临时垃圾收纳点等环境保护设施。

7.5.4 劳动力配置

7.5.4.1 劳动力配置原则

（1）遵循"足量供应、保证素质、尽量均衡"的原则。

（2）根据工程项目总工期安排、施工进度计划及施工流水段的划分，应保证工程的各个施工阶段组织足够数量的高素质的施工人员进行项目施工。

（3）同时与专业分包人积极配合，确保专业分包人员的素质及数量。

（4）配备相应数量的技术员、质量检查员、专项工长和技术工人等，特种作业人员保证 100% 持证上岗。

7.5.4.2 劳动力组织

（1）根据不同分项工程在不同施工部位，有不同用工情况，分阶段制订劳动力需用量计划，及时组织进场，保障生产工作顺利进行。

（2）选择参加过同类工程建设的管理好、素质高的施工队伍。

7.5.5 主要设备材料部署

7.5.5.1 机械布置

（1）场地平整阶段，考虑安排足够数量的挖掘机进场平整场地。

（2）主体结构施工、设备安装和装饰施工阶段，应考虑安排足够数量的汽车吊进行集装箱体、钢结构构件、空调设备等吊装施工。

（3）应考虑备用的挖掘机和汽车吊，防止因机械故障而影响施工进度。

7.5.5.2 材料部署

（1）做好现场材料计划：认真核实施工图纸及设计变更洽商文件，及时准确地编制施工预算，列出明细表；根据进度计划及施工预算材料分析，编制建筑材料需用量计划。

（2）做好原材料加工：针对施工预算提供的构配件和制品加工要求，编制相应计划。

（3）做好材料调配：项目经理要统一组织协调好生产、预算、加工计划、设备和技术等部门对计划进行及时审核，保证材料、设备的规格、型号和性能等技术指标明确、数量准确。

（4）做好材料试验管理，确保所有使用的材料是质量合格、绿色环保的建材，并且在施工中严格按照材料的使用说明书进行操作。

7.5.6 对分包商的管理配合

7.5.6.1 对分包商的管理措施

（1）审核分包商进入现场施工的必备条件：分包商情况登记表→分包工程的施

工组织设计方案→分包工程质量计划书→施工过程的质量监控要点。

（2）督促分包工程的进度控制要点：审核分包工程施工方案→审核分包进度计划和资源供应计划→总工期的协调→分包进度调整。

（3）督促分包商做好安全、消防、环保和现场标准化相关管理。

（4）督促分包商做好工程资料管理，总包、分包设置资料专管员，负责资料收集、整理，总包负责最后验收及归档。

7.5.6.2　对分包商的主要配合措施

（1）施工场地和临时设施：依据分包商进场前提出的相关计划和要求，总承包人合理安排施工作业区场地，并提供必要的办公场所及工人宿舍。

（2）供水供电：总包负责布置现场总供水管道，并接出支管阀门供各分包商使用；临时用电应由总包从总配电室接至各分电箱并进行管理，各分包商可通过事先申请的流程，在分电箱接线用电。

（3）施工临时道路：总承包人应协调各专业分包的施工顺序、设备、材料进场时间和车辆流量控制，以确保现场施工道路畅通，并负责施工临时道路的修筑和使用期间的维修和保养。

（4）安全设施：总承包人必须在施工临时道路入口处设置安全警示牌、限速等标志，保证场内交通畅通、安全；在靠近场地的主要施工地段要设置安全警示栏杆或者标志；在"四口、五临边"位置做好安全防护工作，如设置安全设施、安全围网、围板和警示标志等。

（5）轴线与标高、施工收口处理：总承包单位应为各分包商提供轴线和标高的控制点，包括在每层每房间及必要的位置设有标高控制线，以供各分包商做施工定位和高程使用。待各分包商施工完毕后，由总承包人负责最后一道工序收口处理工作。

7.6　样板引路方案

7.6.1　总体思路

7.6.1.1　若有数量较多的同一类型医疗用房，宜采用样板引路方法。样板间的主要作用包括：

（1）验证最终交付是否符合相关规范要求。

（2）检验医疗用房能否达到设计要求和医护人员、病患等最终用户需求。

（3）便于外观、功能、使用方便性等各项检查，具有更好的直观性。

（4）便于各种专业测试（如气密性检验、空气流动测试、医疗工艺测试和能耗测试）和场景压力测试（如容量测试、温度测试、病人流量测试），提早发现缺陷、问题和原因，提升运行效能。

（5）梳理并分清各专业、各工种的施工界面，有助于各分包商分工协作，以及提早发现各专业交叉和矛盾点，优化施工方案和进度安排。

（6）检验材料和设备选择效果。

（7）不断优化和改进设计和施工方案（尤其是安装方案）。

（8）有助于更直观地进行设计和施工交底，方便实施人员理解设计和施工方案。

（9）确定材料设备开办的界面。

7.6.1.2 样板间设计方案应进行专家评审，根据专家评审意见进行完善。评审时，考虑时间紧迫性，既需要给出应急期间的完善建议，也需要提出应急事件结束后的再利用改进或改造建议。

7.6.1.3 施工单位应编制样板间施工方案和施工进度计划，进行专题论证，根据意见进行完善。由于时间的紧迫性，可根据需要由粗到细构建不同阶段的样板房。

7.6.1.4 应编制样板间专项检测和验收计划，有序进行各项检测，根据检测结果进行完善。

7.6.1.5 应利用建筑信息模型（BIM）技术进行样板间设计或辅助设计，并利用BIM模型辅助进行模拟分析。

7.6.1.6 为了加快进度和节省成本，以及有利于样板间的多方案比较、快速调整和可视化决策，可采用BIM技术构建虚拟样板间。

7.6.1.7 可视项目规模和实际需要，形成（虚拟）样板间、样板段和样板层。

7.6.2 负压隔离病房样板间的范围、构成和技术要求

7.6.2.1 负压隔离病房样板间应包括"三区两通道"、隔离门和隔离传递窗等。

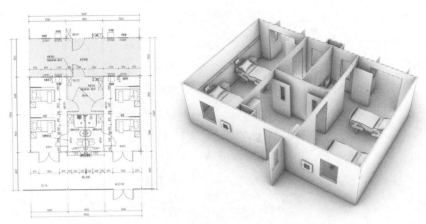

典型的负压隔离病房样板间单元范围

分区应考虑传染病的特殊要求。典型的单元范围如下图所示（视集装箱尺寸进行调整和优化）。

7.6.2.2　典型的负压隔离病房样板间单元构成示意见下图（视集装箱尺寸调整和优化）。

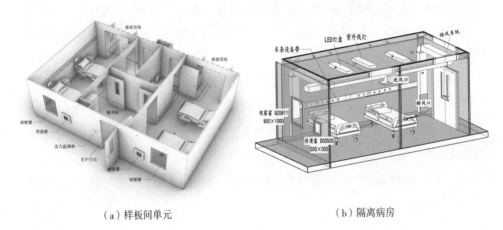

（a）样板间单元　　　　　　　　　　（b）隔离病房

负压隔离病房样板间单元构成示意图

7.6.2.3　负压隔离病房样板间应按照《传染病医院建筑设计规范》（GB 50849—2014）和《新型冠状病毒感染的肺炎传染病应急医疗设施设计标准》（T/CECS

661—2020）等进行设计。负压梯度方向设置包括两类，一是医护走道、缓冲、到病房、再到卫生间；二是从病患走道、到病房方向。例如，一个典型的负压隔离病房样板间的负压要求下见图。

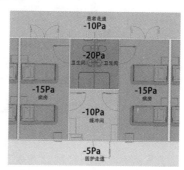

典型负压隔离病房样板间的负压区域设计

7.6.2.4 有条件的情况下，门之间应连锁。若无条件，应增加管理措施，达到负压效果。门的开启方向应为从负压低区向高区方向。

7.6.3 负压隔离病房样板间的施工、测试和检查

7.6.3.1 负压隔离病房样板间应制定专项施工方案，严格按照《传染病医院建筑施工及验收规范》（GB 50686—2011）等要求进行施工。应做好静压试压后才能封管。

7.6.3.2 由施工单位或安装单位编制负压隔离病房样板间的严密性测试方案，明确测试内容、测试仪器、测试标准、计算公式、测试条件、测试顺序和测试时间、专业工程师安排计划等。可采用用恒压法测试样板房间泄漏量，对于负压样板间的严密性测试，可采用正压检漏的方法。

7.6.3.3 负压隔离病房样板间的测试条件为样板间土建、机电安装、装饰施工完成和围护结构封堵完成。

7.6.3.4 负压隔离病房样板间测试顺序：

（1）关闭所测样板间围护结构上的门、传递窗等，关闭新风、排风管上的阀门，为了防止风管上无阀或者阀门不严，在新风、排风口上用塑料膜加盲板的方法封住风口。

（2）用塑料膜贴住灯具。

（3）用塑料膜贴住插座开关等。

（4）漏风量测试仪通过传递窗/门窗上开孔向样板房送风，并用发烟装置寻找漏风点。

（5）开启漏风量测试仪，使室内压力上升至25Pa，维持室内的压力稳定不下降，压力稳定后5min记录漏风量读数，测试持续的时间宜不低于15min。有条件的宜安装压力表。

（6）记录烟雾泄漏位置。

（7）测试合格后垃圾清理、样板间恢复原状。

7.6.3.5　医院组织医疗专家、传染病专家、设计和施工技术负责人等在样板间完成后进行现场参观和检查，就样板间是否满足设计、医疗工艺和使用需求进行确认，并提出整改意见及细节优化建议。

7.6.4　负压隔离病房样板间的样板引路和持续完善

7.6.4.1　充分利用样板间的引路和示范作用，进行设计交底、施工交底、方案优化、质量控制、测试及检查验收。

7.6.4.2　由于工期紧张和采购供货变化，负压隔离病房后续施工可能存在优化和改善空间，应结合实际情况不断持续完善，以更好地指导施工。

8 验收、调试与移交管理

8.1 程序与方案

8.1.1 做好人员组织、验收、调试与移交计划安排、外部关系协调和现场验收准备等各个方面的全面规划。制定详细的项目验收、整改及移交计划（含竣工资料）。

8.1.2 理清验收程序，把握重点，保证各验收项按进度完成。验收、调试与移交的基本程序为：召开验收调试准备会、成立验收调试小组、制定验收调试计划、组织验收与调试（包括资料验收）、整改与整修、移交和召开项目总结会。

8.1.3 编制单项及联合调试方案与计划，报验收小组批准，根据各单项系统施工进展进行跟进与指导。在单项工程施工完成后即组织调试并进行整改，直至达到设计标准。最后进行联动调试，达到竣工验收要求。

8.1.4 负压隔离病房应编制专门的负压测试和验收方案。

8.2 调试与验收组织

8.2.1 验收小组包括单项联合调试小组、资料检查验收小组及项目验收小组，验收小组应明确负责人及工作要求，定期召开推进专题会。

8.2.2 单项、联动调试参与人员包括医院院方、代建单位（如有）、设计单位、监理单位、施工总包及安装单位等。

8.3 调试与验收内容

8.3.1 单项调试和验收的内容包括低压配电系统、给排水系统、电梯、负压调试、室外总体及绿化验收等。

8.3.2 联动调试验收的内容包括医用气体末端测试、弱电系统调试、消防系统联动调试及污水处理系统调试等。

8.4 移交

8.4.1 应针对工程使用和管线设备情况与医院及运营团队进行交底，并移交相关资料。

8.4.2 工程移交期间，现场工作内容侧重于已完工区域成品保护、现场维保和相关资料整理。

9 运营及后续处置建议

9.1 运营管理

9.1.1 应急临时用房应纳入医院后勤管理部门统一管理,保障各用房功能、设备和设施的正常运行。

9.1.2 应急工程在使用中仍然需要继续完善甚至持续整改,原设计及施工单位应继续提供相关服务,并约定建筑及设施设备的维保时间。

9.2 后续处置建议

9.2.1 应加强后续处置的组织领导,建立疫后固定资产清查小组,做好后续处置计划、实施方案、过程监督和安全管理等工作。

9.2.2 资产清查和后续处置需要遵守相关规定和程序,整理、保存好相关原始记录、单据和账目,提交详细报告,以供财务检查或内外部审计等。

9.2.3 做好固定资产的清点、核查和账目处理。对需要报废的资产进行评估,同时提出更新和补充的配置需求。

9.2.4 应急事件结束后,应按照临时建筑使用年限要求拆除。拆除时应做好环境保护、安全管理和职业健康管理,进行专业消毒并采取防污染措施,拆除后的材料应进行检测后处理。对需要转运的医疗设备、医用家具,在转运前应进行必要的消毒处理。消毒时需要采用合适的消毒方法。加强易燃易爆物品、放射物品的管理,防止安全事故发生。

9.2.5 若在规定使用年限内(或批准后的延期使用年限)继续使用,应进行专业消毒及相关检测,尤其是负压隔离病房等重要部位,应邀请专业机构重新检测。

9.2.6 对场地内的垃圾进行全面清理和处置,严格区分医疗废物和非医疗废物。

9.2.7 加强生物物品的安全管理,包括血液、体液、组织标本以及被严重污染的物品,尤其注意涉及污水处理设施或装置、实验室、尸体解剖和存放设施、转运过程以及需要处理的各类标本的生物物品的安全管理。

9.2.8 生物物品安全的处理应由具备相应资质和能力的机构担任。

9.2.9 若为临时改造,应与医疗功能的恢复相互协调,包括空间、物资和设备等。利用疫情结束后的恢复契机,可对现有空间进行改造和提升。

9.2.10 临时建筑不能改变用途,若应急事件结束后进行改造,应根据相关法律规定、规范和医疗工艺要求,进行结构整体性和安全性评估。

9.2.11 疫情结束后,医院应总结经验,结合总体要求和自身情况构建应急预案和应急储备体系。

附 录

附录 A 典型应急临时医疗用房项目建设组织分工

应急领导小组下达任务 → 组建应急临时医疗用房建设指挥部 → 确定各参建单位

	医院	代建	设计	施工	监理	财务监理	供货	检测
项目建议书	▲	■	■	●		▲	●	
设计方案	▲	■	■	▲		●	●	
医疗工艺流程	■	■	■					
环境影响评价	●	■	■					
施工图	■	▲	■	▲	▲	●	▲	
临时规划许可	▲	■						
施工准备	▲	■	▲	■	▲	▲	▲	
施工	▲	■	▲	■	■	●	▲	
调试验收	■	▲	▲	■	▲		■	
检测		■	●	■	●		▲	■
移交	■	▲		■				
开办使用	▲	▲	●		▲			
结算		▲	●	■	●	■		
后评估	■	▲	●	■	●	●		

■ 主要工作　● 辅助工作　▲ 参与工作

附录 B　典型应急临时医疗用房项目的实际进度案例

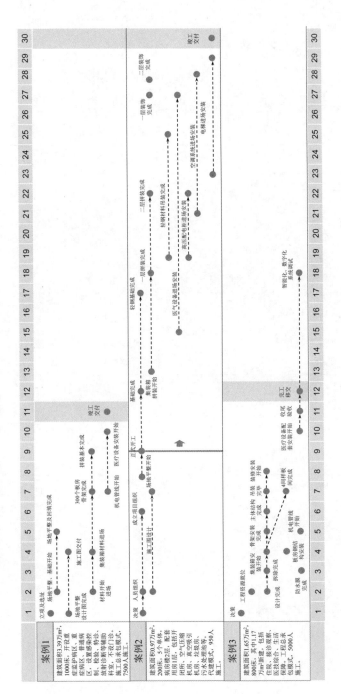

附录 C　相关文件表格

应急临时医疗用房项目

_____采购谈判会议纪要

（编号：　　　　）

采购内容		谈判单位		时间	
谈判会议纪要：					
采购工作小组意见：					
政府相关机构		医院		代建单位（如有）		造价咨询或财务监理或跟踪审计（如有）	
采购小组意见：					
采购领导小组意见：					

附录 D 全过程投资控制（财务监理）项目实施任务书

项目名称		合同编号	
任务单编号		项目经理	
咨询人员		按数据库要求提供成果数据	□是　　□否
实施内容			
1	□编制实施细则	18	□必要时出具专题报告
2	□协助业主制订各项流程及内控制度	19	□资金计划
3	□设计优化建议	20	□竣工小结报告
4	□评审概算	21	□结算审价
5	□制订投资控制目标	22	□总结报告
6	□配合招标策划，审核招标文件	23	□协助业主建设资金的专户管理、专款专用
7	□编制工程量清单	24	□协助建设单位建立和健全建设项目财务管理制度
8	□编制招标控制价	25	□指导业主进行会计账户的设置、核算和编制会计报表
9	□审核施工合同，并出具审核意见	26	□指导业主正确核算项目建设成本
10	□编审施工图预算	27	□加强对业主自行采购的设备材料管理及财务核算
11	□审核已完工作量，进度款审核和支付	28	□监督建设资金专户管理，专款专用
12	□协助选择指定分包及材料供应商	29	□协助编制建设单位管理费年度计划
13	□设计变更控制和预估	30	□及时向财政部门报送项目费用审核报告和项目请款报告
14	□审核现场签证费用	31	□协助业认真做好各项财务决算准备工作
15	□材料、设备询价、比价、批价	32	□编制交付使用财产清单，办理交付使用财产移交手续
16	□建立合同台账	33	□协助业主正确编制基本建设项目竣工财务决算报告
17	□每月出具月报	34	□配合项目经理完成财务监理总结报告
出具成果文件			

1	□实施细则	9	动态投资分析报告	□出 ±0.00
2	□概算编审报告	10		□结构封顶
3	□目标成本测算报告	11		□主体完成
4	□招标文件	12		□工程竣工
5	□工程量清单	13		□其他节点
6	□招标控制价	14	□财务请款报告	
7	□月报	15	□竣工小结报告	
8	□施工图预算报告	16	□总结报告	

执行的业务工作表式					
1	□TYB1	□客户资料登记表	15	□TYB16	□现场签证增减费用明细表
2	□TYB2	□项目成果资料发放登记表	16	□TYB17	□投资分析表（总价包干）
3	□TYB3	□概算审核对比表	17	□TYB18	□甲供设备费用结算明细表
4	□TYB4	□概算审核明细表	18	□TYB19	□全过程投资控制（财务监理）档案目录
5	□TYB5	□概算审核其他费用计算表	19	□TYB20	□现场签证单汇总表
6	□TYB6	□招投标进度表	20	□TYB21	□材料、设备批价单汇总表
7	□TYB7	□工程合同汇总表	21	□TYB22	□设计变更单汇总表
8	□TYB8	□工程财务非合同支付清单	22	□TYB24	□立项及批复性文件汇总表
9	□TYB10	□材料、设备询价单	23	□TYB25	□业务联系单汇总表
10	□TYB11	□工程造价投资分析表（动态）	24	□TYB26	□出席会议统计表
11	□TYB12	□（动态投资额—控制目标）增减费用分析汇总表	25	□TYB28	□现场日记登记表
12	□TYB13	□材料、设备（暂定价—批价）增减费用明细表	26	□YB4	□咨询服务质量评议反馈表（通用）
13	□TYB14	□分包工程（暂定价—中标价）增减费用明细表	27	□YB11	□付款申请表
14	□TYB15	□变更内容增减费用明细表	28	□YB12	□业务联系单

附录 E　工程全过程投资动态分析表

（截至　　年　　月　　日）

序号	分部分项工程	批准金额	合同金额／合同调整额	非合同财务支付累计金额	预估合同价／待签合同价预估价	已发生变更签证等费用	预计将发生变更签证等费用	动态投资额	与批准概算差额		备注
									金额	%	
		1	3	4	5	6	7	8=3+4+5+6+7	11=1-8	12=11/1	
一	建筑安装工程费										
（一）	病房楼										
1	结构工程										
1.1	垫层										
1.2	基础										
1.3	地垄墙										
1.4	门厅钢结构										
1.5	坡道钢结构										
1.6	屋顶钢结构										
2	建筑装饰工程										
3	安装工程										
3.1	给排水										
3.2	消防										
3.3	通风、空调										
3.4	强电										
3.5	弱电										
3.6	电梯及井道										
4	医疗专项工程										
4.1	传递窗										

4.2	屏蔽用房						
4.3	医用气体						
4.4	停尸柜						
4.5	污水处理设备						
（二）	附属设备用房						
1	土建工程						
2	安装工程						
（三）	总体及配套						
1	硬地铺装工程						
2	绿化工程						
3	室外管网工程						
4	室外照明工程						
5	开闭所、变配电						
6	临时变电所						
7	箱式生活泵站						
8	室外埋地电池						
9	污水处理设备基础						
10	场地平整						
11	土方平衡						
（四）	措施费						
（五）	后续机电改造						
1	消防工程						
2	电气工程						
3	柴油发电机工程						
4	弱电工程						
二	工程建设其他费						

1	代建管理费							
2	设计费							
3	施工监理费							
4	财务监理费							
5	竣工验收阶段费用							
三	市政配套费							
1	污水管道							
2	雨水管道							
3	给水压力管							
4	多回路供电电容量费							
5	供电配套业扩工程费业扩费							
四	预备费							
五	总投资							

编制人： 项目经理：

附录 F 应急临时医疗用房建设专题会一览表

序号	会议名称	日期／时间
1	项目主要材料设备供货期协调会（第一次）	
2	施工图（第一稿）设计交底会	
3	项目主要材料设备供货期协调会（第二次）	
4	负压隔离病房选材与设备专题会	
5	负压隔离病房土建与设备、选材专家评审会	
6	雨污水处理方案讨论及材料、供货、安装时间节点讨论会	
7	负压隔离病房、卫生间、走廊管线与设备如何安装协调专题会	
8	竣工验收调试专题会	
9	财务监理对施工图预算审核意见专题会	
10	设备带专题会	
11	柴油发电机与控制柜联动切换梳理专题会	
12	临房区医务人员休息区 BIM 模型设计院向院方汇报专题会	
13	设计与施工协调专题会（对总包完成的样板房领导小组在现场进行了确认）	
14	项目竣工验收前相关工作梳理专题会	
15	电梯安装准备前梳理专题会	
16	柴油发电机安装准备前梳理专题会	
17	KP 所移交对接事宜专题会议	
18	污水处理设备施工及回填工艺方案讨论专题会	
19	现场土建检查小组、安装检查小组专题会	
20	项目竣工时间节点及验收前各设备调试专题会	
21	医疗气体调试专题会	

附录 G 典型的应急临时医疗用房平面布局

图例：
①隔离病房 ②洗漱间、紧急淋浴 ③护士站 ④配药室 ⑤医生办公室 ⑥卫生间 ⑦电梯、楼梯 ⑧医生宿舍、休息室 ⑨设备间、管道井 ⑩更衣、二次更衣、穿防护服

■ 污染区域　▨ 洁净区域　▦ 缓冲区域　■ 隔离病房

附　录

081

参考文献

[1] 中国人民共和国主席令第 69 号，《中华人民共和国突发事件应对法》，2007 年 8 月 30 日．

[2] 中华人民共和国国务院令第 376 号，《突发公共卫生事件应急条例》，2011 年 1 月 8 日修订．

[3] 中华人民共和国卫生和计划生育委员会．传染病医院建筑设计规范：GB 50849—2014[S]．北京：中国计划出版社，2014．

[4] 中华人民共和国卫生部．传染病医院建筑施工及验收规范：GB 50686—2011[S]．北京：中国计划出版社，2011．

[5] 中华人民共和国国家质量监督检验检疫总局，中国国家标准管理委员会．医院负压隔离病房环境控制要求 GB/T 35428—2017[S]．北京：中国计划出版社，2017．

[6] 北京市质量技术监督局．负压隔离病房建设配置基本要求 DB 11/663—2009[S]．北京，2010．

[7] 中国工程建设标准化协会．新型冠状病毒感染的肺炎传染病应急医疗设施设计标准：T/CECS 661—2020[S]．北京：中国建筑工业出版社，2020．

[8] 中国医院协会, 等 . 医院建设工程项目管理指南 [M]. 上海：同济大学出版社，2019.

[9] 国家卫生健康委医政医管局, 国家卫生健康委员医疗管理服务指导中心 . 方舱医院患者手册 [R]. 第三版 . 2020.2.22.

[10] 中华人民共和国国家卫生健康委员会办公厅, 中华人民共和国住房和城乡建设部办公厅 . 国卫办规划函〔2020〕111 号，新型冠状病毒肺炎应急救治设施设计导则（试行）[S]. 2020.

[11] 中华人民共和国住房和城乡建设部, 中华人民共和国国家发展和改革委员会 . 传染病医院建设标准：建标 173–2016[S]. 北京：2016.

[12] 浙江大学建筑设计研究院有限公司, 中建三局集团有限公司 . 装配式传染病应急医院建造指南（试行）[S].2020.2.

[13] 中国医院协会, 等 . 医院建筑信息模型应用指南 [M]. 上海：同济大学出版社，2018.